中等职业教育食品类专业教材
上海市职业教育"十四五"规划教材

乳制品加工

主编 沈春燕 王爱军

RUZHIPIN
JIAGONG

中国轻工业出版社

图书在版编目（CIP）数据

乳制品加工 / 沈春燕，王爱军主编. --北京：中国轻工业出版社，2025.4. --（中等职业教育食品类专业教材）（上海市职业教育"十四五"规划教材）.
ISBN 978-7-5184-5003-9

Ⅰ.TS252.4

中国国家版本馆CIP数据核字第2024JW5875号

责任编辑：贠紫光　　责任终审：白　洁　　设计制作：锋尚设计
策划编辑：钟　雨　　责任校对：朱　慧　朱燕春　　责任监印：张　可

出版发行：中国轻工业出版社（北京鲁谷东街5号，邮编：100040）

印　　刷：天津裕同印刷有限公司

经　　销：各地新华书店

版　　次：2025年4月第1版第1次印刷

开　　本：787×1092　1/16　印张：13

字　　数：270千字

书　　号：ISBN 978-7-5184-5003-9　定价：45.00元

邮购电话：010-85119873

发行电话：010-85119832　010-85119912

网　　址：http://www.chlip.com.cn

Email：club@chlip.com.cn

版权所有　侵权必究

如发现图书残缺请与我社邮购联系调换

230266J3X101ZBW

本书编委会

主　编

沈春燕　上海食品科技学校
王爱军　上海食品科技学校

副主编

杨　晔　上海食品科技学校
李学风　郑州光明乳业有限公司

编　委

方　芳　上海食品科技学校
张露娟　上海食品科技学校
周　洁　上海市贸易学校
崔保威　苏州农业职业技术学院
邱　岳　苏州农业职业技术学院
金惠峰　上海永安乳业有限公司

前 言

2019年国务院出台的《国家职业教育改革实施方案》指出,要建设一大批校企"双元"合作开发的国家级规划教材,要求专业教材随信息技术发展和产业升级情况及时动态更新。职业教育教材开发是一项开拓性、改革性的工作,教材是体现先进职业教育课程开发理念的重要载体。

乳制品加工在食品加工行业中极具典型代表性,乳制品加工课程是食品类专业的专业课程。本教材源于职业教育"三教"改革,得益于校企深度合作。

本教材遵循"任务引领、做学一体"原则,选取乳制品加工典型工作任务,从易到难,从简单到复杂,依次编排"牛乳成分及性质分析""典型单元操作""典型产品加工"三个模块,包括十三个学习任务。每个学习任务按照学习目标、任务描述、知识准备、任务实施、任务评价、职场故事、思考练习依次展开。

本教材遵循适度够用的原则,围绕学习任务选取乳制品加工的相关知识,遵循学生认知特点和技能形成规律,构建乳制品加工课程的基本学习框架。

本教材遵循贴近学生的原则,依照中等职业教育学生的阅读习惯,图文并茂,在保证专业性前提下,力争语言避繁就简。

本教材遵循润物无声的原则,在编写中渗透思政元素。每个学习任务都配有一个根据乳制品企业真实故事改编而成的职场故事。通过讲故事的方式,拓展教材的知识性、人文性,增加专业课程的广度、深度和温度,践行"立德树人、知行合一"课程思政理念。

本书主编所在学校与乳制品企业有长期的校企合作历史,编写过程中乳制品加工企业及乳制品设备生产企业提供了丰富的技术资料,给予编写团队大力支持;编写团队还参考了大量专著、期刊等资料,在此一并表示真诚感谢。

本书可作为中等职业食品类专业教材,也可供乳制品生产企业一线加工人员、检验人员、质量管理人员参考。

乳制品加工涉及诸多领域内容,限于编者视野、水平,教材中难免有疏漏和不足之处,恳请读者及专家批评指正。

主编

2024年6月

目 录

模块一
牛乳成分及性质分析

任务一　牛乳化学性质分析……………………………………………… 2
任务二　牛乳物理性质分析……………………………………………… 13

模块二
典型单元操作

任务一　生乳验收………………………………………………………… 24
任务二　生乳预处理……………………………………………………… 44
任务三　热杀菌…………………………………………………………… 55
任务四　包装完整性检查………………………………………………… 68
任务五　设备清洗消毒…………………………………………………… 79

模块三
典型产品加工

任务一　巴氏杀菌乳加工………………………………………………… 96
任务二　超高温灭菌乳加工……………………………………………… 113
任务三　酸乳加工………………………………………………………… 130
任务四　干酪加工………………………………………………………… 146
任务五　乳粉加工………………………………………………………… 165
任务六　奶油加工………………………………………………………… 180

行家讲述

参考文献

模块一

牛乳成分及性质分析

▼

乳是哺乳动物出生后赖以生存发育的唯一食物，它含有适合幼崽发育所必需的全部营养素，能够提供高质量的蛋白质、能量、维生素和矿物质等。牛、羊、马和骆驼等都可以用来生产乳和乳制品。其中，最广泛用于生产乳的动物是奶牛，因此，本书聚焦牛乳，学习乳及乳制品的加工。

牛乳成分及性质分析

- **牛乳化学性质分析**
  - 牛乳的化学成分
    - 牛乳中的水、脂肪、蛋白质、糖、维生素、无机盐及其他成分
  - 牛乳主要成分化学性质分析
    - 牛乳成分快速检测
    - 酪蛋白的提取及溶解性测定

- **牛乳物理性质分析**
  - 牛乳的感官性质
    - 色泽、滋味与气味
  - 牛乳的冰点和沸点
  - 牛乳的酸度
    - 牛乳酸度测定
  - 牛乳的光学性质
    - 牛乳折射率测定
  - 牛乳的相对密度
    - 牛乳相对密度测定
  - 牛乳的黏度和表面张力
  - 牛乳的电学性质
    - 电导率、氧化还原电位

任务一 牛乳化学性质分析

学习目标

1. 能使用乳品成分快速检测仪测定牛乳化学成分。
2. 会从牛乳中提取酪蛋白并测定酪蛋白溶解性。
3. 检验过程中建立严谨细致的标准规范意识。

任务描述

牛乳的化学性质受多种因素影响,包括生乳的来源、加工方式、储存条件等,这些因素都会对牛乳的品质、加工和处理的难度及产品的品质产生重要影响。因此,在乳制品的加工和检测过程中,了解和控制牛乳的化学性质至关重要。

本次学习任务是:牛乳化学性质分析,要求利用乳品成分快速检测仪对牛乳样品的脂肪、蛋白质、乳糖、总固体、非脂乳固体各成分含量进行测定;采用等电点沉淀、低速离心等方法从牛乳中提取酪蛋白并测定酪蛋白溶解性。

知识准备

一、牛乳的化学成分

牛乳是奶牛分娩后哺乳期由乳腺分泌的一种白色或微黄色的不透明液体。牛乳的成分比较复杂,含有上百种化学成分,主要包括水、脂肪、蛋白质、乳糖、矿物质、维生素、酶类、气体等,牛乳中各种主要成分的含量会因奶牛的品种、个体差异以及环境等因素而有所不同,如表1-1所示。即使是相同品种的奶牛,不同个体之间的牛乳成分含量也可能存在差异,且有很大的多变性和易变性。

表1-1 牛乳中各种成分的含量

主要成分	变化范围/%	平均值/%
水	85.5~89.5	87.5
总固形物	10.5~14.5	13.0
乳脂肪	2.5~6.0	3.9
乳蛋白质	2.9~5.0	3.4
乳糖	3.6~5.5	4.8
矿物质	0.6~0.9	0.8

二、牛乳中的脂肪

牛乳中的脂肪又称乳脂肪,是由许多大小不一的脂肪球组成的,这些脂肪球平均直径与牛乳中脂肪含量有关,脂肪含量越高,脂肪球的直径就越大。不同品种的乳牛、不同的泌乳期、不同的饲料以及乳牛的健康状况都会影响脂肪球的大小。这些脂肪球在牛乳中以乳浊液的形式存在,其稳定性对于乳制品的质量和口感有着重要的影响。

乳脂肪由多种物质组成,包括甘油三酯、甘油二酯、甘油一酯、脂肪酸、固醇、胡萝卜素、维生素(A、D、E、K)以及其他痕量物质。这些成分共同构成了乳脂肪,并赋予乳制品丰富的营养和特殊的风味。

乳脂肪球表面被一层5~10nm的膜所覆盖,称为脂肪球膜,占乳脂肪球重量的2%~6%,主要由磷脂、蛋白质、胆固醇及其他一些生物活性分子组成,如图1-1所示。脂肪球膜具有保持乳浊液稳定的作用,即使脂肪球上浮分层,仍能保持脂肪球的分散状态。在机械搅拌或化学物质作用下,脂肪球膜遭到破坏后,脂肪球会互相聚集在一起。因此,可以利用这一原理生产奶油和测定乳中的含脂率。

乳脂肪在乳与乳制品中具有以下方面的重要作用。

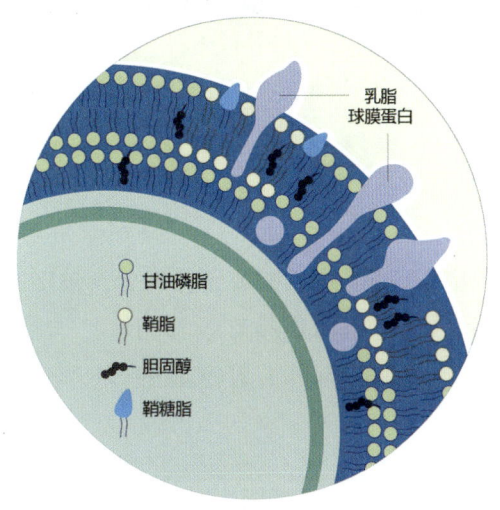

图1-1 牛乳脂肪球膜

(一)提供营养

乳脂肪是重要的能量来源,另外,乳脂肪中富含维生素A、维生素D、维生素E和维生素K等脂溶性维生素,这些维生素对身体健康至关重要。它们不仅有助于钙的吸收和利用,促进骨骼的生长和健康,还对维持视力、皮肤健康和免疫功能起着重要作用。婴幼儿配方乳粉中的脂肪成分通常就是以乳脂肪为基础,经过精细调整和组合而成的,它对于婴幼儿的生长发育起到了至关重要的作用。

（二）赋予风味

乳脂肪对于乳制品的风味和口感有着重要的影响，它的存在使得乳制品具有丰润圆熟的风味。例如，干酪、黄油、酸乳等产品，因乳脂肪的存在而具有浓郁的奶香味并使其质地更加柔滑细腻。

（三）食品加工

从乳中分离出的脂肪可加工成稀奶油、黄油，广泛应用于食品加工中，如图1-2所示。例如，稀奶油是制作各种甜点、酱汁的必备材料，同时，也常常被用于制作冰淇淋、干酪等食品，其细腻的口感和浓郁的乳香为美食增色添香并能够增加食品稳定性。黄油则常用于面包、煎牛排等食品的制作中。

劳模带你做蛋糕

（1）奶油蛋糕

（2）冰淇淋

（3）吐司面包

图1-2　乳脂肪在食品加工中的应用

三、牛乳中的蛋白质

乳中的蛋白质又称乳蛋白，是乳中的重要营养成分，包括酪蛋白、乳清蛋白和脂肪球膜蛋白等，如图1-3所示。这些蛋白质具有各自的特性和生理功效，对人体的健康和营养有着重要的作用。

（一）酪蛋白

酪蛋白是乳中主要的蛋白质，具有较高营养价值，包含了人体所需的各种氨基酸，酪蛋白在乳中以胶束的形式存在，不易被直接消化吸收，但经过消化酶的作用后，可以释放出具有生物活性的小分子肽，有利于人体的吸收利用。酪蛋白并不是单一的蛋白质，而是一类在特定条件下（如pH降低或加入凝乳酶）会沉淀析出的混合蛋白质。这种特性使得酪蛋白在食品加工中具有重要应用，如制作干酪。

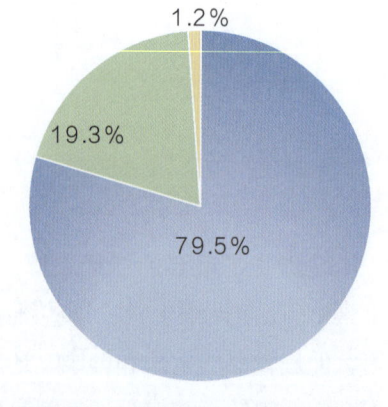

图1-3　牛乳蛋白组成及含量

（二）乳清蛋白

乳清蛋白是乳浆蛋白质的主要成分之一，具有高营养价值、低过敏性等特点，乳清蛋白还具有抗氧化、抗炎等多种生理功效，对人体健康有着重要的影响。乳清蛋白含有α-乳清蛋白、α-乳白蛋白、β-乳球蛋白、乳铁蛋白、牛血清白蛋白、免疫球蛋白、乳过氧化物酶等多种生物活性蛋白。其中α-乳清蛋白、α-乳白蛋白、乳铁蛋白对婴儿的生长发育发挥着不同程度的作用，因此，乳清蛋白被广泛应用于婴儿配方乳粉等领域。

（三）脂肪球膜蛋白

牛乳的脂肪球膜蛋白是吸附于脂肪球表面的蛋白质与磷脂，构成脂肪球膜。脂肪球膜蛋白中含有脂蛋白、碱性磷酸酶和黄嘌呤氧化酶等，这些物质可以用洗涤和搅拌稀奶油的方法分离出来。脂肪球膜蛋白中的卵磷脂易在细菌性酶的作用下形成带有鱼腥味的三甲胺而被破坏；也易受细菌性酶的作用而分解，是奶油储存过程中风味变坏的原因之一。

四、牛乳中的糖

牛乳中的糖主要是乳糖，乳糖是哺乳动物乳腺分泌的特有产物。乳糖属双糖，水解后生成葡萄糖和半乳糖，如图1-4所示。牛乳中乳糖含量约4.5%，占乳中干物质的38%~39%。

（一）乳糖的功能

（1）乳的甜味主要来自乳糖，乳糖是人类和哺乳动物乳汁中特有的碳水化合物，它为机体提供能量，维持生命活动。

（2）乳糖可以促进钙、镁、磷及微量元素的吸收，改善骨骼和牙齿的矿化作用。

（3）乳糖有助于维持肠道酸碱平衡，促进体内有益菌生长，抑制肠道内有害菌繁殖。此外，乳糖还可以通过促进肠蠕动，帮助维持肠道的消化功能。

（4）乳糖分解产生的半乳糖是构成脑及神经组织的糖脂质的一种成分，对婴儿的智力发育非常重要。研究表明，乳糖对神经系统的发育和功能有着重要作用。

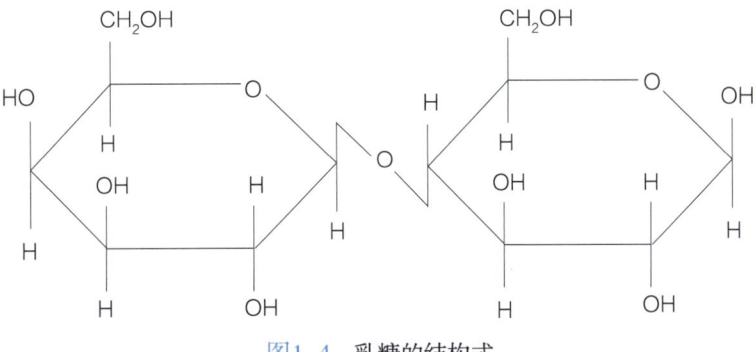

图1-4 乳糖的结构式

（二）乳糖不耐症

乳糖不耐症是由于有些人体内的乳糖酶活性降低或缺乏乳糖酶，当饮用乳及乳制品时，其中的乳糖不被消化吸收，从而产生腹泻症状，如图1-5所示。因此，对于乳糖不耐受或对乳糖过敏的人，应避免摄入乳糖或选择不含乳糖的食品，如酸乳产品等。

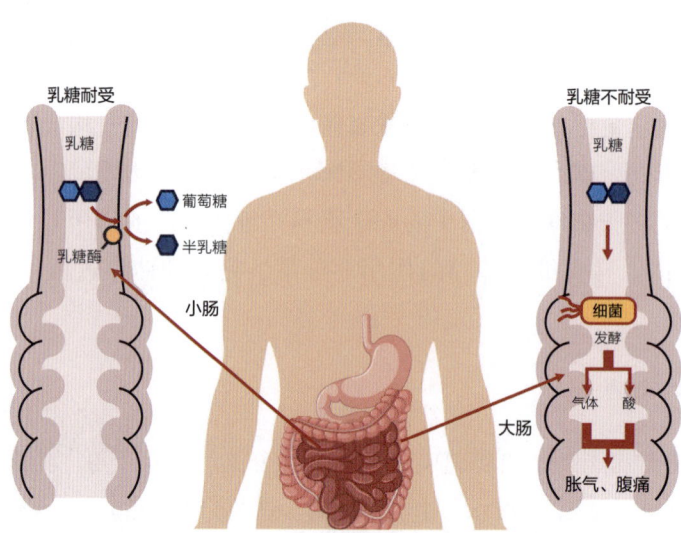

图1-5　乳糖不耐受的原理

在乳制品加工中，利用乳糖酶将乳中的乳糖分解为葡萄糖和半乳糖，如图1-6所示，或利用乳酸菌将其转化为乳酸，不仅可以预防乳糖不耐症，还可提高乳糖的消化吸收率，改善产品口味。

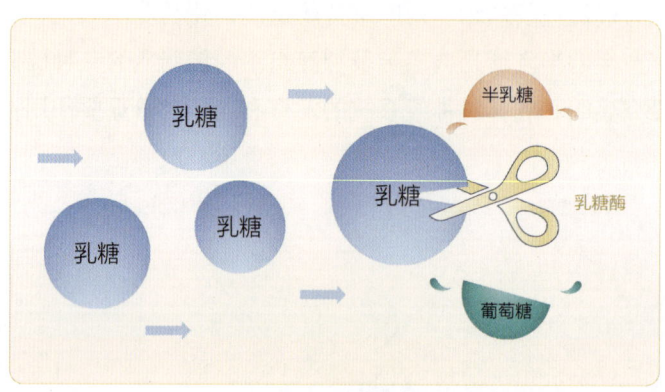

图1-6　乳糖酶的作用

五、牛乳中的维生素

维生素是存在于动、植物体内的微量有机物，它是生命正常生长过程不可缺少的基础物质。牛乳中含有很多种维生素，包括维生素A、维生素B_1、维生素B_2、维生素C、维生素E以及烟酸等，如表1-2所示。其中，维生素A、维生素D、维生素E和维生素K溶于脂肪或脂类溶剂中，其余则为水溶性维生素。

表1-2 牛乳中维生素含量

维生素名称	含量/（μg/L）	维生素名称	含量/（μg/L）
维生素A	400	烟酸当量	8200
维生素D	2	维生素B_6	500
维生素E	1000	维生素B_5	3500
维生素K	50	叶酸	55
维生素B_1	450	维生素B_{12}	4.5
维生素B_2	1750	生物素	35
烟酸	900	维生素C	20000

其中，维生素C对热最敏感，易受光线和热力破坏，特别是在有空气和某些金属存在的情况下破坏更甚。乳制品生产时，较温和的热处理方式下维生素C实际损失较少。

六、牛乳中的无机盐

牛乳中的无机盐又称为矿物质，含量为0.35%～1.21%，平均为0.8%左右，主要有磷、钙、镁、氯、钠、硫、钾等，此外还有一些微量元素，如图1-7所示。

无机盐或溶解于乳浆中，或存在于酪蛋白化合物中，最重要的盐类有钙、钠、钾和镁盐，它们分别以磷酸盐、氯化物、柠檬酸盐和酪蛋白酸盐的形式存在。在普通牛乳中，钾

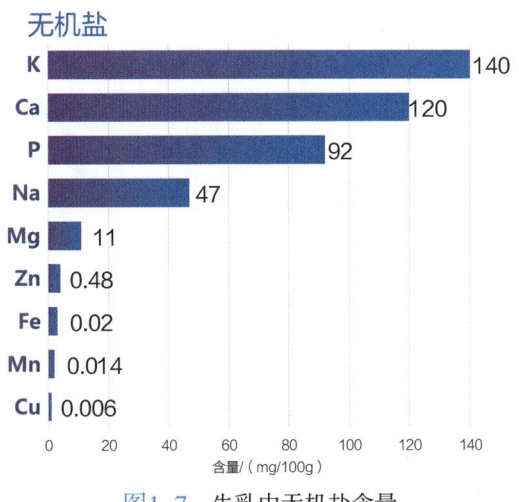

图1-7 牛乳中无机盐含量

盐和钙盐是最丰富的，但牛乳中所含盐类是不稳定的，泌乳末期和乳牛患乳腺炎时，乳中的NaCl增加，并使乳带有一种咸味，此时其他盐类相对减少。

牛乳中的无机盐对乳制品的生产和加工过程会产生一定的影响，例如在加热处理时可能会形成不溶性磷酸钙，这可能会损害生产干酪的质量。在加工乳制品时，需要对加热处理的程度进行仔细选择和调控。

七、牛乳中的其他成分

牛乳中也常含有体细胞（白血球或白细胞），体细胞数反映了牛乳质量及奶牛的健康状况，在正常情况下，牛乳中体细胞数一般在2万～20万个/mL。体细胞数量过高可能表明牛的健康状况不佳，如存在乳腺炎或其他健康问题。因此，在选择生牛乳原料时，应尽量选择体细胞数量较低的生牛乳，以保证加工产品的质量和安全性。

牛乳中还含有气体，刚挤出的乳中气体含量5%～6%，在运输过程中气体含量数值高达容积的10%，其中大部分是CO_2、N_2和O_2。

在牛乳的加工中，分散的和溶解的气体是一个严重问题，如果气体含量过高，可能会导致乳焦煳在加热器表面上，从而影响产品的质量和加工过程的顺利进行。因此，在生产过程中，需要控制牛乳中的气体含量，以确保产品的质量和生产的顺利进行。

▷ 任务实施

▲ 安全提示

牛乳酸度测定任务实施过程中，请注意酸碱液及玻璃仪器的使用，避免酸碱液灼伤及玻璃器皿破碎划伤伤害发生，应关注相关安全标识，如图1-8所示，并做好安全防范工作。

（1）当心腐蚀

（2）当心玻璃危险

（3）当心伤手

图1-8　安全标识

活动一　牛乳成分快速检测

牛乳成分快速检测是指通过使用乳品成分快速检测仪等设备，对牛乳中的脂肪、蛋白质、乳糖、总固体含量、非脂乳固体等成分进行快速检测分析。乳品成分快速检测仪具有检测速度快、操作简单、准确性高等特点，可以减少技术人员的人工操作时间，提高工作效率，及时出具检测结果，指导生产。

乳品成分快速检测仪操作步骤：开机→清洗→调零→仪器校正→样品测量→清洗关机。

一、准备工作

1. 实验器材准备

实验设备：乳品成分快速检测仪，如图1-9所示。

2. 样品准备

移取适量样品至乳品成分快速检测仪样品瓶中（样品瓶1/3～2/3处），使样品温度保持在10～40℃。

二、样品检测

1. 开机

打开电脑，打开仪器开关，待仪器启动预热完成后，双击打开软件。

2. 检查仪器调零液和清洗液

打开仪器盖板，观察调零液和清洗液的存量，如图1-10所示，不足需补加。而后进行2～3次清洗和调零，调零稳定后用标准样品对相应的模块进行校准。仪器可以设置定时清洗及调零，如进样5min后自动清洗，55min后自动调零。

注意事项 调零液和清洗液需1周内使用完毕。

3. 选择产品检测模块

根据样品的性质在已设定完成的产品检测模块窗口选择相应的模块，然后在编号栏中输入样品的编号。

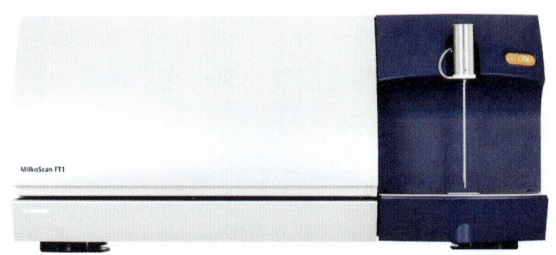

图1-9 乳品成分快速检测仪

图1-10 仪器清洗液和调零液

注意事项 各样品检测模块已根据样品性质提前设定完成。

4. 检测

将温度在10~40℃的待测样品充分摇匀后置于仪器的取液器下,如图1-11所示,并点击开始检测。

检测完成后,界面依次显示出各检测指标的数值,如脂肪、蛋白质、乳糖、总固体、非脂乳固体等,并显示检测时间信息。待屏幕上出现取走样品提示时方可取走样品,打印结果。

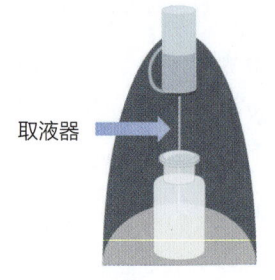

图1-11 待测样品置于仪器的取液器下

5. 清洗和关机

在所有检测完成后对仪器再次清洗,清洗完成后依次关闭软件,再关闭控制电脑、显示器、打印机等设备,最后关闭主机开关、不间断电源及稳定电源。

注意事项 废液瓶满时需要及时清理。

三、结果分析

记录检测结果,填写表1-3,对照各项化学指标是否符合标准范围。

表1-3 理化指标

项目	标准范围	检测结果
脂肪/(g/100g)	≥3.1	
蛋白质/(g/100g)	≥2.8	
乳糖/(g/100g)	—	
总固体/(g/100g)	—	
非脂乳固体/(g/100g)	≥8.1	

活动二 酪蛋白的提取及溶解性测定

蛋白质是两性电解质。蛋白质在等电点时,溶解度最小,容易沉淀析出。根据这个原理,将牛乳的pH调整到4.6即酪蛋白的等电点时,酪蛋白便会沉淀出来。用乙醇除去酪蛋白沉淀中不溶于水的脂肪,便可得到纯度较高的酪蛋白。

一、准备工作

1. 试剂和材料准备

乙酸-乙酸钠缓冲液(pH4.6)、1%氢氧化钠、10%乙酸、蒸馏水、无水乙醇、10%氯化钠、0.5%碳酸钠、0.1mol/L氢氧化钠、0.2%盐酸、饱和氢氧化钙。

2. 实验器材准备

pH计、表面皿、电炉、离心机、恒温水浴锅、循环水真空泵。

二、样品检测

1. 酪蛋白的提取

（1）酪蛋白等电点沉淀　量取10mL牛乳置于25mL试管中，水浴加热至40℃，边搅拌边慢慢加入10mL预热至40℃的乙酸-乙酸钠缓冲液（pH4.6）。用10%乙酸和1%氢氧化钠溶液调pH至4.6，40℃保温10min使沉淀完全。将上述悬浮液冷却至室温，2000r/min离心5min，弃去上清液。

（2）除脂类杂质　将上述沉淀物转入烧杯中，加入约3mL乙醇混匀，用布氏漏斗抽滤。该沉淀继续用乙醇和乙醚等量混合液3mL洗涤1次，抽干。取出粉状物，摊开在表面皿上，置于25℃烘箱中烘干，得酪蛋白纯品。

2. 酪蛋白溶解性观察

取6支试管，分别加入蒸馏水、10%氯化钠、0.5%碳酸钠、0.1mol/L氢氧化钠、0.2%盐酸及饱和氢氧化钙各1mL。于每管中加入少量酪蛋白，不断摇荡，观察并记录各管中酪蛋白的溶解性。

三、结果分析

1. 含量和得率

准确称量酪蛋白纯品重量，计算牛乳中酪蛋白含量（g/100mL），并与理论含量3.5g/100mL牛乳相比较，求出实际得率。

$$酪蛋白含量（g/100mL）=酪蛋白含量（g/10mL）\times 10 \qquad (1-1)$$

$$酪蛋白得率=（测定含量/理论含量）\times 100\% \qquad (1-2)$$

2. 酪蛋白溶解性

观察记录酪蛋白在不同溶液中的溶解性，完成表1-4。

表1-4　酪蛋白在不同溶液中的溶解性

序号	溶液	现象
1	蒸馏水	
2	10%氯化钠	
3	0.5%碳酸钠	
4	0.1mol/L氢氧化钠	
5	0.2%盐酸	
6	饱和氢氧化钙	

任务评价

请根据表1-5中的评价内容与标准，针对任务实施中的表现，完成评价任务。

表1-5　任务评价表

评价项目	评价内容与标准	评价结果
知识目标	能概述牛乳主要化学成分	是□ 否□
	能说出牛乳各化学成分的作用	是□ 否□
能力目标	能使用乳品成分快速检测仪测定牛乳化学成分	是□ 否□
	会从牛乳中提取酪蛋白并计算其含量和得率	是□ 否□
	会观察并描述酪蛋白在不同溶液中的溶解性	是□ 否□
素养目标	能积极探究牛乳组成成分及酪蛋白溶解性	是□ 否□
	能及时并实事求是地记录实验结果	是□ 否□

职场故事

守护市民奶瓶子的源头

牧场是市民奶瓶子的源头，一位在牧场工作的员工表示："为了保证市民能够喝上新鲜、营养的牛乳，我们每天都要精心照顾奶牛，做好每一个环节的工作。虽然天气很热，但是看到市民能够享受到我们提供的高品质牛乳，我觉得所有的付出都是值得的。"

工厂人坚守酷暑

牛乳的单价不高，但要想得到一杯好牛乳并不简单。好的牛乳需要奶牛有健壮的身体，为了给百姓提供优质牛乳，某牧场专门研究并科学配制饲料，从源头重视牛乳的卫生，奶牛爱吃的苜蓿、玉米进行青贮压窖后会以最快的速度送上它们的"餐桌"。对奶牛来说，这精心配制的优质套餐不仅口味好，而且有营养。在增加了原乳产量的同时，也保证了原乳的高品质。

为了确保奶牛的舒适，牧场采取了与散户庭前院后开放式养殖截然不同的温度控制方法。奶牛不仅不会被风吹日晒，还有电扇和洗澡设施供其使用。饲养员会根据自己的体感来调节牛舍的温度，这种细致入微的照顾，让奶牛在牧场中过上了舒适的生活。

为了解决奶牛生病的问题，牧场在奶牛的脖子上配备了智能环，通过智能监测技术，每天记录奶牛的体温、运动量、反刍次数和喘息次数等数据。一旦发现某头奶牛出现异常，饲养员会立即将其隔离并检查身体状况。这种智能监测系统不仅提高了奶牛的健康管理效率，也降低了奶牛生病的风险。

以牧场守护乳源，用匠心缔造品质。该牧场就是这样不断加强乳源建设，优化乳源管理体系，坚守乳源质量硬要求，为国人健康提供更优质的乳制品。

思考练习

请选择市面上不同类型的液态乳,利用乳品成分快速检测仪对其进行成分测定,记录检测结果,填写表1-6。

表1-6 乳成分检测记录表

项目	水牛乳	羊乳	骆驼乳	马乳
脂肪/(g/100g)				
蛋白质/(g/100g)				
乳糖/(g/100g)				
总固体/(g/100g)				
非脂乳固体/(g/100g)				

任务二 牛乳物理性质分析

学习目标

1. 能用乳稠计测定牛乳相对密度。
2. 能用阿贝折光仪测定牛乳折射率。
3. 能按照国家标准用滴定法测定牛乳酸度。
4. 能规范使用检测仪器并建立食品质量意识。

任务描述

牛乳的物理性质主要包括色泽、滋味与气味、相对密度、冰点、沸点、酸度等,这些物理性质是鉴定牛乳品质的重要指标。本次学习任务是:牛乳物理性质分析,要求利用相关仪器对牛乳的相对密度、折射率和酸度进行测定。

知识准备

一、牛乳的感官性质

(一)色泽

新鲜正常的牛乳呈不透明的白色并稍呈淡黄色,称之为乳白色,这是由于牛乳中含有的酪蛋白胶粒和脂肪球对光进行不规则反射的结果，是牛乳的基本色调。脂溶性的胡萝卜素和叶黄素使乳略带淡黄色，而水溶性的核黄素则使牛乳清呈现荧光性黄绿色。

（二）滋味与气味

牛乳的滋味主要是淡淡的甜味并稍带咸味。根据奶牛喂养饲料的不同，牛乳的滋味会略有不同。牛乳中的Mg^{2+}、Ca^{2+}会使乳产生苦味，而磷酸和柠檬酸则使其产生酸味。

正常风味乳中有甲硫醚、丙酮、醛类、酪酸及其他微量的游离脂肪酸。挥发性脂肪酸中以醋酸、甲酸较为常见，可能会产生生理异常风味，如脂肪分解味、氧化味、日光味、蒸煮味、苦味、酸败味。

二、牛乳的相对密度

乳的相对密度是指20℃时乳的重量与同容积水在4℃时的重量比，即d_4^{20}。正常牛乳的相对密度在1.028~1.032。牛乳的相对密度与其脂肪含量、总乳固体含量有关，牛乳脱脂后相对密度升高，掺水后相对密度降低。根据（GB 19301—2010）《食品安全国家标准 生乳》，牛乳相对密度（d_4^{20}）应大于或等于1.027。可以利用密度计（乳稠计）在乳中的浮力与重力相平衡的原理测定乳的相对密度。

三、牛乳的冰点和沸点

（一）冰点

牛乳的冰点指的是牛乳在冷却到某一温度时开始凝固的温度。在这个范围内，牛乳会从液态转变为固态。正常牛乳中由于乳糖及盐类变化较小，因此冰点比较稳定，通常在−0.550~−0.512℃，平均为−0.522℃或−0.540℃。牛乳中加水、乳糖、可溶性盐类及其他杂质等都会影响其冰点，如图1-12所示。由于乳脂肪球、酪蛋白和乳清蛋白分子质量大，对冰点影响小，而乳糖的影响最大。

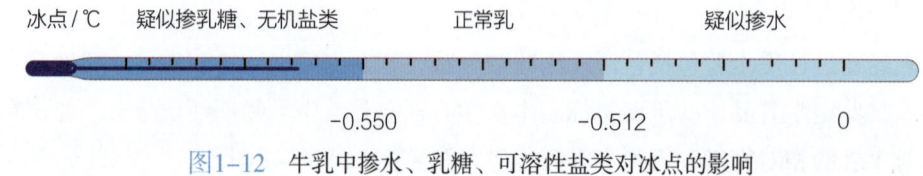

图1-12 牛乳中掺水、乳糖、可溶性盐类对冰点的影响

（二）沸点

在1个标准大气压（101.33kPa）下，牛乳的沸点一般为100.55℃左右，乳的沸点会随着乳中干物质含量的变化而变化，水分不断减少，干物质含量增高，沸点也会不断上升。因此，浓缩一倍时沸点上升0.5℃，即浓缩到原来体积一半时，沸点约为101.05℃。

四、牛乳的黏度和表面张力

（一）黏度

牛乳的黏度取决于其组成和温度。在常温下，牛乳的黏度通常较低，20℃时，牛乳的黏度是0.0015～0.002Pa·s，随着温度的降低，牛乳的黏度会增加。测定黏度在乳制品加工中具有重要意义，如酸乳加工时，黏度是判断发酵终点和产品品质的重要指标。可以使用黏度计测定黏度，也可以通过触摸用手初步感知黏度。

（二）表面张力

乳的表面张力通常较低，为水的30%～50%。牛乳的表面张力与牛乳的起泡性、乳浊状态、微生物的生长发育、热处理、均质作用及风味等有密切关系。例如，均质处理时，牛乳中的脂肪球表面积增大，牛乳的表面张力增加。温度升高，表面张力降低；含脂率升高，表面张力也降低。也可以通过测定表面张力鉴别乳中是否混有其他添加物。

五、牛乳的酸度

牛乳的酸度分为自然酸度和发酵酸度。自然酸度是指刚挤出来的生乳本身所具有的酸度，主要来源于生乳中的酪蛋白、清蛋白、柠檬酸盐、磷酸盐等酸性物质。挤出后的乳在微生物的作用下产生乳酸发酵，导致乳的酸度逐渐升高，由于发酵产酸而升高的这部分酸度称为发酵酸度。自然酸度和发酵酸度之和称为总酸度。一般条件下，乳制品生产中所测定的酸度就是总酸度。

乳蛋白分子中含有较多的酸性氨基酸和游离的羧基，这些酸性氨基酸和羧基使得乳具有偏酸性的特点。此外，乳中还含有一些酸性物质，如磷酸盐等，这些物质也会影响乳的酸度。因此，乳一般呈现出偏酸性的特点。

在乳制品工业中，常用吉尔涅尔度（°T）、乳酸度（乳酸%）或pH来表示乳的酸度。（GB 5009.239—2016）《食品安全国家标准 食品酸度的测定》中采用标准碱液滴定法来测定乳的滴定酸度，使用吉尔涅尔度（°T）表示酸度。

国家标准中牛乳的酸度通常指乳的总酸度，它可以反映牛乳的新鲜度和质量，因为随着时间的推移，牛乳中的酸性物质会逐渐增加，这主要是由于微生物的繁殖所产生的。因此，在乳制品工业中，总酸度的测定是非常重要的一项指标。（GB 19301—2010）《食品国家安全标准 生乳》中规定生乳酸度为12～18°T，酸度是乳制品企业检验牛乳是否合格的必检指标。

六、牛乳的电学性质

（一）电导率

乳是一种电导体，其电导率取决于其中的离子浓度和蛋白质含量。25℃时，牛乳的电导率为0.004～0.005S/m，大于0.006S/m时即可认为患病牛乳，通过测定电导率，可间接检测乳腺炎。

（二）氧化还原电位

一般牛乳的氧化还原电势（E_h）为+0.23～+0.25V。牛乳经过加热，产生强还原性物质，使E_h降低；铜离子存在可使E_h上升；牛乳如果受到微生物污染，随着氧的消耗和还原性代谢产物的产生，可使E_h降低，当与甲基蓝、刃天青等氧化还原指示剂共存时可使其褪色，此原理可应用于微生物污染程度的检验。

七、牛乳的光学性质

光线照射牛乳会发生折射、散射、吸收、反射及激发产生荧光等。牛乳的折射率是一个与其成分相关的物理量，与乳固体的含量有比例关系，由此可判定牛乳是否掺水。牛乳的折射率通常为1.36左右，大于水的折射率，故牛乳中的玻璃棒呈现的弯曲现象较大，水中呈现的弯曲现象较小，如图1-13所示。温度和光的入射角度也会对牛乳的折射率产生影响。

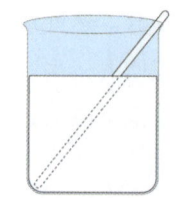

（1）牛乳中玻璃棒弯曲现象　（2）水中玻璃棒弯曲现象

图1-13　牛乳中与水中的玻璃棒弯曲现象对比

任务实施

⚠ 安全提示

牛乳相对密度及酸度测定任务实施过程中，请注意玻璃仪器的使用安全，避免玻璃器皿破碎划伤伤害发生，应关注相关安全标识，如图1-14所示，并做好安全防范工作。

（1）当心玻璃危险　（2）当心伤手

图1-14　安全标识

活动一　牛乳相对密度测定

一、准备工作

1．实验器材准备

测定牛乳的相对密度，需准备以下器材，如图1-15所示。

（1）温度计　0～100℃；

（2）密度计（乳稠计）　上部细管中有刻度标签，表示密度读数。

（3）量筒　250mL量筒，量筒高度应大于密度计的长度，其直径大小应使在沉入密度计时使密度计周边和圆筒内壁的距离不小于5mm。

注意事项 提前洗净密度计和量筒,晾干备用。

2. 样品制备

取一定量牛乳样品,分别加入0%、5%、10%、15%的蒸馏水,混匀,升温至20℃。

二、样品测定

1. 加注乳样与测温

将乳样小心地沿量筒壁注入250mL量筒中,高度大于密度计长度,加到量筒容积的3/4时为止。注入牛乳时应防止牛乳出现泡沫并测量样品温度。

2. 测量与读数

将密度计缓缓放入盛有适当待测液体样品的量筒中,勿使其碰及容器四周及底部,保持样品温度在20℃,待其静止后,再轻轻按下少许,然后待其自然上升,静置至无气泡冒出后,从水平位置观察与液面相交处的刻度,如图1-16所示,读数为32.8,即将相对密度记录为1.0328。

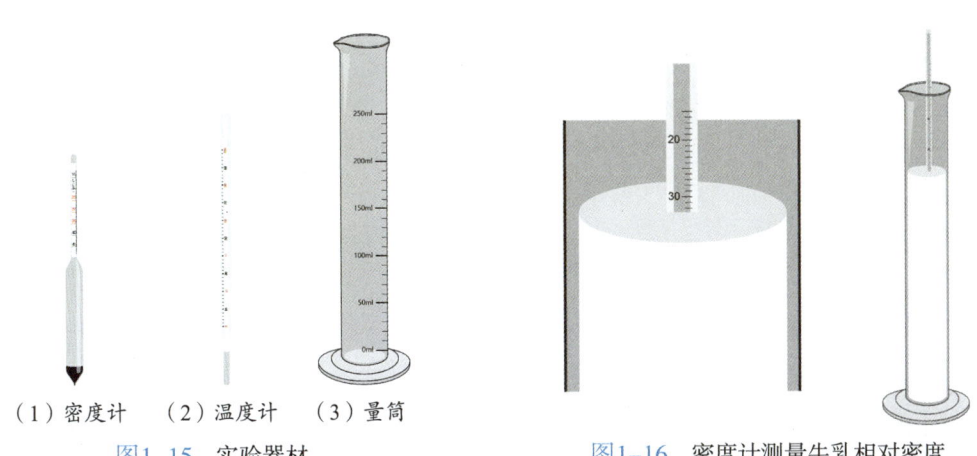

(1)密度计　(2)温度计　(3)量筒

图1-15　实验器材　　　　　　　图1-16　密度计测量牛乳相对密度

三、结果分析

记录测定结果,填写表1-7,比较不同牛乳样品的相对密度。

表1-7　结果记录表

样品编号	加水量/mL	相对密度(d_4^{20})
1		
2		
3		
4		

活动二 牛乳折射率测定

一、准备工作

1. 样品制备
取5mL牛乳样品于小烧杯中,升温至20℃备用。

2. 实验器材准备
阿贝折光仪(图1-17)、丙酮、乙醇、水、擦镜纸、滴管。

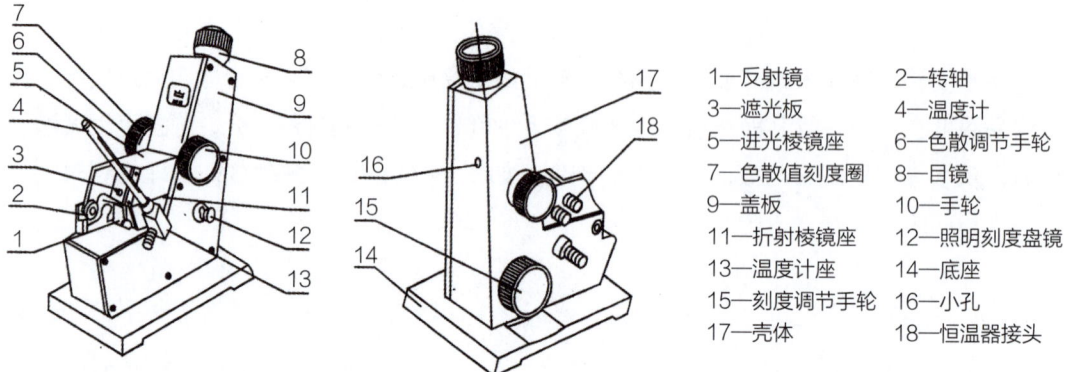

1—反射镜　2—转轴
3—遮光板　4—温度计
5—进光棱镜座　6—色散调节手轮
7—色散值刻度圈　8—目镜
9—盖板　10—手轮
11—折射棱镜座　12—照明刻度盘镜
13—温度计座　14—底座
15—刻度调节手轮　16—小孔
17—壳体　18—恒温器接头

图1-17　阿贝折光仪及其结构

二、样品测定

1. 仪器安装
将折光仪置于光源充足的桌面上,但应避免阳光直射,接恒温器,调节温度至20℃。

2. 加样
镜面干燥后,滴加2～3滴乳样于折射棱镜表面,使折射棱镜表面铺滴一薄层液体,然后盖上进光棱镜,用手轮锁紧。要求液层均匀,充满视场,无气泡。

3. 对光
转动反射镜使光线射入棱镜,使视场最亮。再调节目镜,使视场十字线交点最清晰,如图1-18(1)所示。

4. 粗调
转动刻度调节手轮,使刻度盘标尺上的示值逐渐增大,直至观察到视场中出现彩色光带或黑白临界线为止,如图1-18(2)所示。

5. 消色散
转动色散调节手轮,使彩色光带消失,得到清晰的明暗界线,如图1-18(3)所示。

6. 精调
继续转动刻度调节手轮使明暗界线正好与目镜中的十字线交点重合,如图1-18(4)所示。

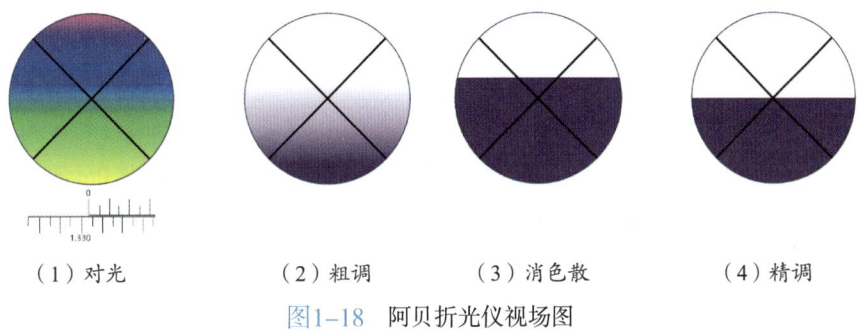

（1）对光　　　　　（2）粗调　　　　　（3）消色散　　　　　（4）精调

图1-18　阿贝折光仪视场图

7. 读数

从刻度盘上直接读取折光率，如图1-19所示。阿贝折光仪的量程为1.3000～1.7000，精密度为0.0001。

由于眼睛在判断临界线是否处于交点上时，易出现疲劳，为减少偶然误差，应转动手轮重复测定三次，三个读数相差不能大于0.0002，然后取平均值。

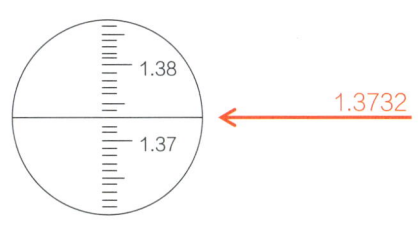

图1-19　阿贝折光仪读数视场图

试样成分对折射率的影响是极其灵敏的，由于试样中易挥发组分的蒸发，致使试样组分发生微小的改变，会导致读数不准确，因此测定一个试样时应重复取三次样，分别测定其折射率，取平均值。

注意事项

（1）操作时要特别小心，严禁滴管的末端触及折射棱镜表面，以免造成刻痕。

（2）读数时，若在目镜中看不到半明半暗分界线而是畸形，可能是由于棱镜间未充满液体；若出现弧形光环，可能是由于光线未经过棱镜而直接照射到聚光镜上。

（3）仪器长期使用，须对刻度盘的标尺零点进行校正。方法是按上述方法则定纯水的折射率，其标准值与测定位之差即为校正值。

三、结果记录

记录读数，并计算平均值，填入表1-8。

表1-8　数据记录表

测量次数	折射率			
	读数1	读数2	读数3	平均值
1				
2				
3				

活动三 牛乳酸度测定

采用（GB 5009.239—2016）《食品安全国家标准 食品酸度的测定》中的第一法 酚酞指示剂法测定生牛乳酸度。其原理是样品以酚酞作为指示剂，用0.1000mol/L氢氧化钠标准液滴定至中性，通过消耗氢氧化钠溶液的体积数，计算确定样品的酸度。

一、准备工作

1. 试剂和材料准备

0.1000mol/L氢氧化钠标准溶液、参比溶液（将3g七水硫酸钴溶解于水中，并定容至100mL）、酚酞指示液、中性乙醇-乙醚混合液、不含二氧化碳的蒸馏水。

2. 实验器材准备

分析天平（感量为0.001g）、10mL碱式滴定管（最小刻度0.05mL）、100mL锥形瓶、10mL移液管、50mL量筒、铁架台等。

二、样品检测

1. 标准颜色参比溶液制备

称取10g（精确到0.001g）牛乳样品，置于150mL锥形瓶中，加20mL新煮沸冷却至室温的水，混匀。向锥形瓶中加入2.0mL参比溶液，轻轻转动，使之混合，得到标准颜色参比溶液。如果需要测定多个相似的产品，可以将此标准颜色参比溶液用于整个测定过程，但时间不得超过2h。

2. 酸度测定

称取10g（精确到0.001g）牛乳样品，置于150mL锥形瓶中，加20mL新煮沸冷却至室温的水，混匀。加入2.0mL酚酞指示液，混匀后用氢氧化钠标准溶液滴定，边滴加边转动烧瓶，直到颜色与参比溶液的颜色相似，且5s内不消退。记录消耗的氢氧化钠标准滴定溶液体积（V_1）。

注意事项 整个滴定过程应在45s内完成。滴定过程中，向锥形瓶中吹氮气，防止溶液吸收空气中的二氧化碳。

3. 空白滴定

用等体积的水做空白实验，读取耗用氢氧化钠标准溶液的体积（V_0）。

注意事项 空白实验所消耗的氢氧化钠的体积应不小于零，否则应重新制备和使用符合要求的蒸馏水或中性乙醇-乙醚混合液。

三、结果分析

读取并记录样品及空白耗用氢氧化钠标准溶液的体积，分别代入式（1-3）中进行计算。

$$X = \frac{c \times (V_1 - V_0) \times 100}{m \times 0.1} \quad (1\text{–}3)$$

式中　X——试样的酸度，°T（以100g样品所消耗的0.1mol/L氢氧化钠毫升数计）；

　　　c——氢氧化钠标准溶液的浓度，mol/L；

　　　V_1——滴定时所消耗氢氧化钠标准溶液的体积，mL；

　　　V_0——空白实验所消耗氢氧化钠标准溶液的体积，mL；

　　　100——100g试样；

　　　m——试样的重量，g；

　　　0.1——酸度理论定义氢氧化钠的浓度，mol/L。

以重复性条件下获得的两次独立测定结果的算术平均值表示，结果保留三位有效数字。

注意事项　在重复性条件下获得的两次独立测定结果的绝对差值不得超过算术平均值的10%。

任务评价

请根据表1-9中的评价内容与标准，针对任务实施中的表现，完成评价任务。

表1-9　任务评价表

评价项目	评价内容与标准	评价结果
知识目标	能概述牛乳的物理性质	是□ 否□
	能列举生乳相对密度及折射率的检测方法	是□ 否□
能力目标	能正确使用密度计测定牛乳相对密度	是□ 否□
	能正确使用阿贝折光仪测定牛乳折射率	是□ 否□
	会采用酚酞指示剂法测定牛乳酸度	是□ 否□
素养目标	能及时记录原始数据，具备实事求是、严谨认真的职业素养	是□ 否□
	能严格分析牛乳物理性质异常状况，具备食品质量意识	是□ 否□

职场故事

生乳原料守护者

如何将一杯新鲜的牛乳安全快速地送到城市乡村的餐桌，它的背后隐藏着一个庞大而复杂的系统工程。从生乳原料开始，就需要层层把关，牧场检验员是生乳离开牧场的最后一个把关人，每一辆奶罐车离开前，检验员都要抽取样品进行化验检测，他们佩戴好安全帽与吊绳，熟练地行走在奶罐车车顶，通过一系列微生物和乳成分的检测和分析，确信奶罐里的生鲜乳丝毫未被污染，奶罐车才可以前往下一站——乳制品厂。一位检验员这样说道:"我的工作是牧场的最后一道关口,我一定要将生乳安全地送出牧场。"

某乳制品厂的一名收奶工,每天他都要接收上千吨从不同牧场运过来的生鲜乳,他的任务就是将生鲜乳采样送检。采样的时候为了将牛乳搅拌均匀,他必须爬到奶罐车顶上才能操作。每天他都要小心翼翼地上下攀爬,至少二十次。只有每一批乳样都检验合格,工作人员才会在生乳交接单上签下自己的名字,这是对产品负责,更是对老百姓的健康负责。

一杯看似普通的牛乳,从生乳原料起就包含着每一个工作人员的精心呵护,他们的辛勤工作和付出,不仅是为了完成自己的工作任务,更是为了保障消费者的健康和利益。他们用汗水和坚守诠释着百年乳企的使命和担当,为消费者提供更好的产品和服务。

思考练习

1. 测定不同储存条件下的牛乳样品酸度,完成表1-10。对比实验结果,你有什么发现?

表1-10 牛乳酸度记录表　　　　　　　　　　　　　　　　　单位:°T

编号	储存温度	储存时间					
		5h	1d	10d	20d	30d	40d
1	4℃						
2	20℃						
3	30℃						
4	40℃						

2. 使用阿贝折光仪测定不同掺水量的牛乳样品折光率,完成表1-11。对比实验结果,分析折光率与掺水量的关系。

表1-11 结果记录表

编号	掺水量	折光率
1	0	
2	5%	
3	15%	
4	20%	

模块二

典型单元操作

▼

  生产巴氏杀菌乳、超高温灭菌乳、酸乳、干酪、乳粉、奶油等乳制品，加工过程都涉及生乳验收、预处理、设备清洗消毒等通用、典型的加工处理单元，本模块重点学习乳制品加工过程中的生乳验收、预处理、热杀菌、包装完整性检查、设备清洗消毒五个典型单元操作，为典型产品加工学习奠定基础。

典型单元操作

生乳验收
- 生乳验收标准
- 生乳验收流程
- 生乳验收项目
  - 感官检验项目　理化检测项目　快速检测项目
- 乳源追溯

生乳预处理
- 生乳计量方法
  - 容积法、重量法
- 脱气的意义
- 净化方法
  - 过滤法、离心净乳法
- 标准化
- 均质

热杀菌
- 热杀菌概念
- 热杀菌工艺
- 热杀菌原理
- 杀菌控制

包装完整性检查
- 包装完整性检查概念
- 包材组成
- 包装术语
- 检查方法
- 检测周期

设备清洗消毒
- 清洗消毒概念
- 影响清洗效果的因素
- 清洗剂及其浓度验证方法
- 原位清洗（clean in place，CIP）
- 清洗标准
- 清洗消毒效果验证方法

任务一 生乳验收

学习目标

1. 能概述生乳验收流程。
2. 能列举生乳验收指标。
3. 能按照采样卫生要求和安全要求完成生乳采样。
4. 能按国标要求完成生乳感官检验、理化检测和快速检测,并判断是否放行。
5. 逐步建立生乳食品安全与质量意识。

任务描述

生乳验收是生鲜乳(原料乳)进入工厂后的第一个关键环节,其目的是通过仪器检测和验收实验测定生鲜乳的各项指标是否符合标准要求,以便后续进行预处理和加工。原料乳是乳制品的源头,对原料乳的品质控制是保证乳制品安全的第一道关。本次学习任务是:生乳验收,主要包括生乳采样、感官检验、理化检测和快速检测等。

知识准备

一、生乳验收标准

(GB 19301—2010)《食品安全国家标准 生乳》规定,生乳是指从符合国家有关要求的健康奶畜乳房中挤出的无任何成分改变的常乳。产犊后7天的初乳、应用抗生素期间和休药期间的乳汁、变质乳不应用作生乳。

(GB 19301—2010)《食品安全国家标准 生乳》对生乳的感官、理化、微生物等多项指标有具体要求。乳制品企业根据国家标准进一步制定本企业生牛乳验收标准。例如,某企业生牛乳验收标准包括感官要求、理化指标、污染物限量、真菌毒素限量、农药残留和微生物限量,如表2-1~表2-6所示。

表2-1 感官要求

项目	指标
煮沸试验	加热煮沸后奶香浓郁,无异味
色泽	呈乳白色或微黄色,不应有其他异色
组织状态	呈均匀一致液体,无沉淀、无凝块、无正常视力可见异物
滋味与气味	有新鲜牛乳固有滋味和气味、无异味

表2-2 理化指标

项目	指标	检测方法
进厂奶温/℃	≤6	电子温度计
相对密度（d_4^{20}）	≥1.027	GB 5009.2—2024
冰点/℃	−0.560 ~ −0.500	GB 5413.38—2016
脂肪/（g/100g）	≥3.1	GB 5009.6—2016
蛋白质/（g/100g）	≥2.8	GB 5009.5—2016
非脂乳固体/（g/100g）	≥8.1	GB 5413.39—2010 或使用乳品分析仪FT120进行检测
酸度/°T	12 ~ 18	GB 5009.239—2016
煮沸后酸度差/°T	≤2	—
杂质度/（mg/kg）	≤4.0	GB 5413.30—2016
酒精试验（20℃中性酒精）	72% 1∶1阴性	—
掺碱试验	无掺碱现象	—
抗生素	阴性	—
过氧化氢（双氧水）	无颜色变化	—
亚硝酸盐	无颜色变化	—
硝酸盐	无颜色变化	—
重铬酸盐	无颜色变化	—
磷酸盐试验	无絮状物出现	—
尿素检测	合格	—
牛乳热稳定性（油浴）	无絮状物、无凝块	—
凝结试验	凝结良好	—
掺杂掺假	不得检出非食品添加物质	—

表2-3 污染物限量指标

项目	指标	检测方法
铅/（mg/kg）	≤0.02	GB 5009.12—2023
总汞/（mg/kg）	≤0.01	GB 5009.17—2014
铬/（mg/kg）	≤0.3	GB 5009.123—2014
总砷/（mg/kg）	≤0.1	GB 5009.11—2014
亚硝酸盐/（mg/kg）	≤0.4	GB 5009.33—2016
三聚氰胺/（mg/kg）	≤2.5	GB/T 22388—2008

表2-4 真菌毒素限量指标

项目	指标	检测方法
黄曲霉毒素M_1/（μg/kg）	≤0.5	GB 5009.24—2016

表2-5 农药残留指标

项目	指标	检测方法
滴滴涕（DDT）/（mg/kg）	≤0.02	GB/T 5009.162—2008 GB/T 5009.19—2008
六六六（HCB）/（mg/kg）	≤0.02	
林丹/（mg/kg）	≤0.01	
硫丹/（mg/kg）	≤0.01	
氯丹/（mg/kg）	≤0.002	
七氯/（mg/kg）	≤0.006	
艾氏剂/（mg/kg）	≤0.006	
狄氏剂/（mg/kg）	≤0.006	

表2-6 微生物限量

项目	指标			检测方法
	UHT产品	巴氏杀菌乳	其他产品	
菌落总数/（CFU/mL）	≤50万	≤10万	≤200万	GB 4789.2—2022或微生物快速检测仪测定
芽孢总数/（CFU/mL）	≤100	≤1000	—	NY/T 1331
耐热芽孢数/（CFU/mL）	≤10	—	—	
嗜冷菌/（CFU/mL）	≤1000	—	—	

只有符合验收标准的生乳，才能被验收。一般按照表2-7生乳质量关键控制点（CCP）要求，监控原料乳。

表2-7 生乳质量关键控制点

关键控制点（CCP）	显著危害	关键限值	监控				记录	监控人员职责与权限	纠偏		验证
			对象	内容	方法	频率	人员		纠偏行动	纠偏人员	
生乳验收CCP	化学性	三聚氰胺阴性	生牛乳	三聚氰胺	快速检测	每天	收奶工、检验员	《生乳检验报告》《生乳不合格通知单》	1. 收奶工按要求采样和检验；2. 检验员按要求进行验收检验	拒收	收奶工、检验员	1. 记录复核人员对记录进行复核；2. 每年送检第三方进行风险监测
		黄曲霉毒素阴性		真菌毒素	快速检测	每户						
		抗生素检测阴性		抗生素	快速检测	每车						
		掺假试验不得检出、掺碱试验阴性		尿素、过氧化氢、掺碱试验	掺假、掺碱实验	每车						

二、生乳验收流程

生乳验收流程如图2-1所示。

奶源交接流程

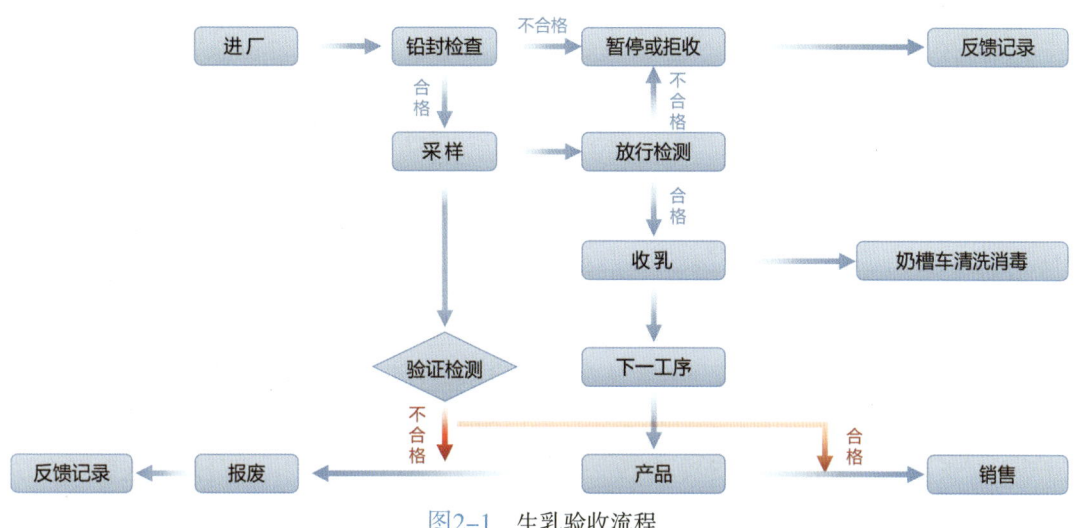

图2-1　生乳验收流程

（一）铅封检查

每辆奶槽车进厂，采样员应首先进行进厂铅封的检查。检查铅封奶槽车罐口，是否有铅封或铅封破损；核对铅封编号，确认生乳交接单上的铅封编号与奶槽车奶罐上铅封编号是否一致。铅封见图2-2。

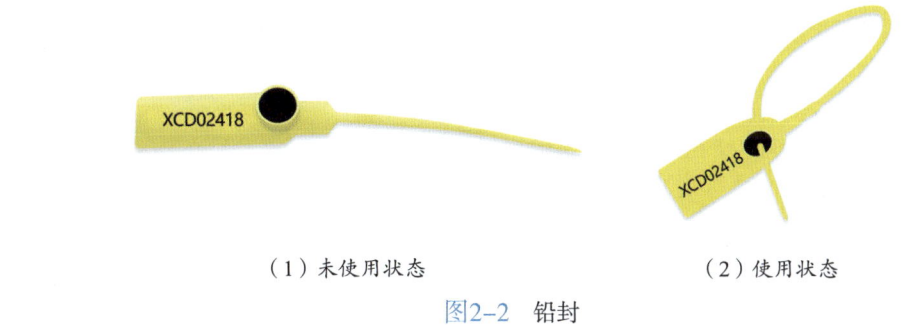

（1）未使用状态　　　　　　　　（2）使用状态

图2-2　铅封

（二）采样

铅封检查完毕，采样员应及时进行生乳的采样。采样是检验工作的第一步，是检验工作中非常重要的环节。所采样品必须具有代表性，因此必须掌握一定的技巧，遵守相应的规范，不引入污染，不损失样本的被检成分。

（三）放行检测

采样完成，检验员及时进行生乳放行项目检测。进厂的生乳，必须当日经过放行项目检测全部合格后，才可收乳，打入乳仓储存，等待加工。若不符合放行项目验收标准，则对生乳拒收。一般放行检测项目包括感官检验项目、理化检测项目和快速检测项目，其中理化检测项目包括进厂乳温、相对密度、冰点、脂肪、蛋白质、非脂乳固体、酸度、杂质度、酒精试验、掺碱试验、掺杂掺假试验（皮革水解蛋白、硫氰酸钠）、硝酸盐、亚硝酸盐等；快速检测项目包括抗生素、掺杂掺假试验（β-内酰胺酶、三聚氰胺）、黄曲霉毒素、氟苯尼考等，常使用快速检测试纸检测。

（四）验证检测

储存在乳仓中的生乳，还需进一步进行验证项目检测，以确保生乳的品质。验证项目一般检测时间较长，包括污染物指标、真菌毒素指标、农药残留指标、微生物指标，在奶槽车放行时无法得出结果。若生乳经验证项目检测不合格，而该生乳已进入下一工序生产，无法采取纠正措施，只能将该生乳生产的产品隔离待判或报废处理。该乳源源头牧场需马上调查原因，采取措施，进行整改，视严重情况进行2~10d的停供处理，这期间该牧场挤出来的生乳需要全部进行报废处理。

生乳经所有放行项目检测合格后，由收奶工执行收乳操作。

三、感官检验项目及检验意义

感官检验在生乳验收过程中是非常重要的，是首要检测的。因为天然牛乳的感官指标，如滋气味、色泽和组织状态，是无法复制的。通过感官检验可以发现生乳存在的问题，若检验不合格，检验员即可做出拒收的决定。检验合格后，可继续进行理化和微生物检验等。生乳的感官检验主要是进行嗅觉、味觉、外观等的鉴定。正常生乳为乳白色或微带黄色，不得含有肉眼可见的异物，不得有红、绿等异色，不能有苦、涩、咸的滋味和饲料、青贮、霉等异味。

四、理化检测项目及检测意义

（一）杂质度

生乳经杂质度过滤板过滤，根据残留于杂质度过滤板上直观可见的非白色杂质，与杂质度参考标准板比对确定样品杂质的限量。

（二）酒精试验

酒精试验是通过酒精的脱水作用，测定生乳中酪蛋白的稳定性。新鲜生乳相对稳定，而不新鲜的生乳其蛋白质胶粒不稳定，遇到酒精的脱水作用时，会加速其聚沉。

（三）掺碱试验

生乳中掺碱是为了掩蔽生乳的酸败，降低生乳的酸度，防止生乳因变酸而发生凝结。一般掺加少量碳酸钠和碳酸氢钠。但是掺碱后的生乳口感不好，而且腐败菌容易繁殖，一些维生素也会被破坏。因此，生乳中不允许掺碱，常用玫瑰红酸定性法。

（四）过氧化氢检测

生乳富含营养物质，微生物极易繁殖。为了使生乳的微生物指标达到收购标准，一些唯利是图之人就会向生乳中加入一些防腐剂以抑制细菌的繁殖。过氧化氢作为防腐剂的一种，它无色、无味，容易获得，少量加入后并不影响牛乳的气味，但过氧化氢的加入会直接影响成品乳的质量。

（五）硝酸盐/亚硝酸盐检测

硝酸盐和亚硝酸盐作为环境污染物而广泛存在于自然界中，硝酸盐在细菌的作用下可还原成亚硝酸盐。大剂量的亚硝酸盐能够引起高铁血红蛋白症，使机体失去输氧能力，会导致呼吸困难，甚至窒息死亡。因此，需要检测生乳中硝酸盐与亚硝酸盐含量。

（六）重铬酸盐检测

不法分子通过向生乳中添加皮革水解蛋白来妄图提高牛乳中蛋白质的含量。皮革水解蛋白由废皮革、毛发等下脚料加工提炼而成，制革边角废料中含有大量重铬酸盐（如重铬酸钾、重铬酸钠）。重铬酸盐有毒且有致癌性，在世界卫生组织公布的致癌物清单中，六价铬化合物在1类致癌物清单中。因此，需要检测重铬酸盐含量。

（七）磷酸盐检测

生乳含有少量磷酸盐，但是若生乳中磷酸盐含量过高，会阻碍机体对钙的消化吸收，因此，需检测生乳中磷酸盐含量。

（八）尿素检测

尿素的含氮量为46%，故加了尿素的生乳，会显示蛋白质检测值虚高。生乳中加入尿素直接危害人体健康，导致中毒或潜在危害。因此，需检测尿素含量。

（九）皮革水解蛋白检测

皮革水解蛋白重金属含量及亚硝酸盐等致癌物质的含量较高，长期食用含有皮革水解蛋白的乳制品，会对人体造成很大的伤害。本试验通过去除乳酪蛋白后，水解蛋白能与苦味酸溶液发生沉淀反应，从而做出判断。

（十）硫氰酸钠检测

原料乳中一般天然含有一定浓度的硫氰酸钠，作为牛乳中过氧化物酶抗菌体系的主要成分之一，可抑制多种微生物。硫氰酸钠同时是一种工业原料，国际上将硫氰酸钠作为保鲜剂添加到生乳中，以保证在没有冷却的条件下进行生乳的安全运输。随着冷链系统在我国鲜乳储运过程中的广泛使用，硫氰酸钠被原卫生部列入第一批公布的《食品中可能违法添加的非食用物质和易滥用的食品添加剂名单》中。硫氰酸钠不允许添加到生乳中，只要有人为添加，就属于违法，应该予以处理。

五、快速检测项目及检测意义

（一）抗生素残留检测

抗生素残留检测是生乳验收的必检项目。在防治奶牛疾病时，常会用到抗生素，如β-内酰胺和四环素类抗生素广泛应用于治疗奶牛的乳腺炎和其他感染。使用过抗生素的奶牛体内会出现药物残留，不仅会影响发酵乳的生产，还可能使人过敏，而一些菌株会产生抗药性。常用双流向酶联免疫技术（SNAP）抗生素检测试剂盒快速检测。

（二）β-内酰胺酶检测

青霉素作为β-内酰胺类药物，是治疗牛乳腺炎的首选药物，是生乳中最常见的残留抗生素。由于国内多数乳制品企业对抗生素残留超标的生乳采取降价收购的原则，一些不法分子为了谋求经济利益，人为使用一些生物制剂降解牛乳中残留的抗生素，生产人造"无抗乳"。拮抗剂的主要成分是β-内酰胺酶，常采用β-内酰胺酶残留检测试剂条进行检测。

（三）三聚氰胺检测

三聚氰胺俗称密胺、蛋白精，因其含氮量较高，曾被不法分子添加至生乳以提高表观粗蛋白含量，而它其实是一种化工原料，一次大量摄入或长期摄入三聚氰胺会造成生殖、泌尿系统的损害，并可进一步诱发癌症。我国明确规定，三聚氰胺不是食品原料，也不是食品添加剂，禁止人为添加到食品中。可采用三聚氰胺快速试剂条进行定性判定，在验证项目检测时会使用仪器方法精确测定三聚氰胺含量。

（四）黄曲霉毒素M_1检测

黄曲霉毒素是由黄曲霉、寄生曲霉等产生的一组次生代谢物。奶牛摄入含有黄曲霉毒素B_1的饲料后会在体内生成黄曲霉毒素M_1，主要存在于奶牛的乳、肾脏、肝脏、蛋、肉和尿中。黄曲霉毒素M_1能引发肝脏损伤、肝硬化，诱导肿瘤、致突变等。可采用免疫化学快速试剂盒检测黄曲霉毒素M_1，在验证项目检测时会使用仪器方法精确测定其含量。

（五）氟苯尼考检测

氟苯尼考是一种氯霉素类广谱抗菌药物，是化学合成的一种新型兽药。其过量使用易造成畜禽体内的药物残留，长期食用含有氟苯尼考残留的食品会引起人体的急性或慢性中毒。可采用快速检测试剂盒检测生乳中氟苯尼考残留。

六、乳源追溯

乳源追溯是利用信息系统获取生乳从牧场至工厂整个过程的动态实时信息，以确保生乳的安全品质，及时找到生乳储存、运输、工厂等待时间等环节上的问题点，提高管理效率，避免质量事故的发生。工厂通过乳源追溯系统建立电子计划单，将计划单与奶槽车绑定。牧场通过计划单，提前获悉生乳装运安排，如去向、装运车次、装乳量。牧场还可通过乳源追溯系统获悉奶槽车距离牧场的公里数和当前时速，提前做好装乳准备。奶槽车到达牧场后，牧场会将奶槽车卫生照片、生乳检测结果上传至系统，实现生乳出场的有效监管。当奶槽车装好生乳离开牧场后，目的地工厂便可通过系统看到奶槽车相关信息，如牧场名、奶槽车牌号，提前做好收乳准备。通过给奶槽车统一安装导航定位系统，实现对奶槽车运行轨迹的追溯、异常停留点的统计与查询。工厂收乳时，可以直接获取每张计划单的卸乳完成时间、生乳检测数据。

任务实施

⚠ 安全提示

生乳采样时存在高空坠落的潜在风险，需注意周围环境，佩戴安全帽、系安全绳和安全带，检查无误后再执行采样作业。生乳验收测定任务实施过程中，请熟记安全标识，如图2-3所示，注意化学试剂及玻璃仪器的使用，避免试剂溅出腐蚀皮肤及玻璃器皿破碎划伤伤害发生。

（1）当心坠落　　（2）当心玻璃危险　　（3）当心伤手　　（4）当心腐蚀

图2-3　安全标识

活动一　生乳采样

生乳的采样

一、准备工作

1．防护准备

采样前戴好防护工具：安全绳、安全带、安全鞋、橡胶手套。

2．检查铅封

检查铅封奶槽车罐口是否有铅封或铅封破损，确认生鲜乳交接单上的铅封号与奶罐上铅封编号是否一致。

3．检查清洁

采样前检查奶槽车罐体是否清洁，打开奶槽车罐盖时检查生乳表面有无异物。

4．消毒

采样前用75%的酒精对双手、采样工具进行消毒。

二、采样

1. 感官检验、理化检测、快速检测项目的采样

（1）将搅拌工具从奶槽车顶部入口处置入牛乳液层中部。

（2）经无菌空气泵搅拌30s后，再用采样工具置入牛乳液层中部取样。

（3）若奶槽车有前后仓，应从各仓内分别采取等量的乳样，混合均匀。

2. 微生物检测项目的采样

（1）先由奶槽车考克（旋塞式的小阀）处放掉一桶（5~10kg）牛乳。

（2）用250mL无菌瓶直接采样。

（3）或用已消毒的采样工具从奶槽车顶部入口处置入牛乳液层中部取样。

活动二 生乳感官检验

参照生乳感官指标，见表2-1，对所采样品进行感官检验，并进一步参照生乳感官评级标准，见表2-8，对所采样品进行感官评级，及时记录感官检验结果，填写表2-11。

生乳的感官检测

一、准备工作

实验器材准备

250mL锥形瓶、酒精温度计、电炉。

二、样品检测

1. 取样观察

取100~250mL生乳样品，置于250mL清洁无味的锥形瓶中，在自然光下观察色泽和组织状态。

2. 加热煮沸闻气味

加热煮沸后，取下再次观察其组织状态，在锥形瓶内放入酒精温度计，待乳温冷却至75~80℃，轻轻摇动锥形瓶，用鼻子嗅闻瓶内的牛乳气味。

3. 品尝

待乳温冷却至40~50℃，用温开水漱口后，含一小口生乳在口中打转，或用舌上、下、前、后、左、右快速搅动，在口中保留若干秒，使口腔中味蕾与牛乳充分接触，品尝滋味。

4. 再次闻气味

将乳样全部倾倒后，将鼻子完全覆盖住锥形瓶口，嗅闻空瓶内残余气味。

5．感官评级

对所检验生乳进行感官评级，感官评级标准见表2-8。

表2-8 感官评级标准

项目	指标		
	A级	B级	C级
色泽	生乳呈乳白色或微黄色		
组织状态	呈均匀一致液体，无凝块、无沉淀、无正常视力可见异物，加热前后杯壁均无絮片状物凝集和凝块出现		
气味	生乳及空瓶均具有乳固有香味，无异味	生乳及空瓶均具有乳正常香味，但香味较淡或有轻微乳香味，无其他异味	生乳及空瓶有较重的乳腥味
滋味	具有乳固有香味，滋味可口，无其他任何异味	乳香味较淡，无异味	具有较重的乳腥味

活动三 生乳理化检测

对所采样品进行进厂乳温、相对密度、冰点、脂肪、蛋白质、非脂乳固体、酸度、杂质度检测，酒精试验、掺碱试验，以及过氧化氢、亚硝酸盐、硝酸盐、磷酸盐、尿素、皮革水解蛋白、硫氰酸钠检测，记录检测结果，填写表2-11。

一、准备工作

按照表2-9准备实验器材。

表2-9 生乳理化检测试剂及仪器准备列表

检测项目	试剂和材料	仪器和设备
进厂乳温	—	温度计
相对密度	—	温度计、乳稠计、量筒（250mL）
冰点	—	热敏电阻冰点仪
脂肪、蛋白质、非脂乳固体	—	乳成分快速检测仪
酸度	氢氧化钠标准溶液（0.1mol/L）、参比溶液、酚酞指示剂	锥形瓶（150mL）、碱式滴定管（10.00 mL）、天平（0.001g）
杂质度	—	量筒（500mL）；杂质度过滤板、杂质度标准板；过滤装置：漏斗、铁圈、铁架台
酒精试验	酒精（72%或75%）	移液管（5.00mL）、表面皿
掺碱试验	玫瑰红酸液（0.05%）	移液管（5.00mL）、试管（15mL）
过氧化氢	碘化钾淀粉溶液、硫酸溶液（1∶1）	移液管（1.00mL）、滴管、试管（15mL）

续表

检测项目	试剂和材料	仪器和设备
亚硝酸盐	格里斯千试剂	试管（15mL）、天平（0.01g）
硝酸盐	硝酸盐固体试剂	试管（15mL）、天平（0.01g）
磷酸盐	磷酸二氢钾溶液（1mol/L）	移液管（1.00mL、10.00mL）、封闭式电炉、烧杯（400mL）、试管（15mL）
尿素	亚硝酸钠（1%）、浓硫酸（98%）、格里斯千试剂	移液管（1.00mL、10.00mL）、试管（15mL）、天平（0.01g）
皮革水解蛋白	除蛋白试剂、饱和苦味酸溶液	移液管（1.00mL、5.00mL）、表面皿
硫氰酸钠	三氯化铁溶液	移液管（1.00mL、2.00mL）、试管（15mL）

二、样品检测

使用温度计检测进厂乳温，相对密度、冰点、脂肪、蛋白质、非脂乳固体、酸度的检测方法与步骤参见模块一任务二。

1．杂质度检测

（1）乳样品充分混匀后，用量筒量取500mL于烧杯中，立即测定。

（2）将杂质度过滤板放置在过滤设备上，将乳样品倒入过滤设备的漏斗中，但不得溢出漏斗，过滤。用水多次洗净烧杯，并将洗液转入漏斗过滤。分次用洗瓶洗净漏斗过滤，滤干后取出杂质度过滤板，与杂质度标准板（图2-4）比对即得样品杂质度。

2．酒精试验

于表面皿内用72%或75%（20℃时，中性）酒精与生乳样品按1∶1的比例混合，轻轻振摇均匀后，不出现絮片状或颗粒状生乳即为酒精试验阴性，若出现则为酒精试验阳性，如图2-5所示。

3．掺碱试验

于盛有5mL生乳的试管中加入等量的0.05%玫瑰红酸液，用手指堵住管口，充分摇

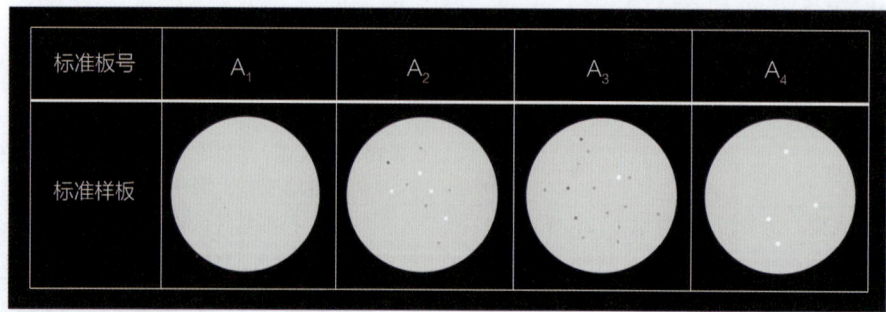

图2-4　液体乳杂质度标准板

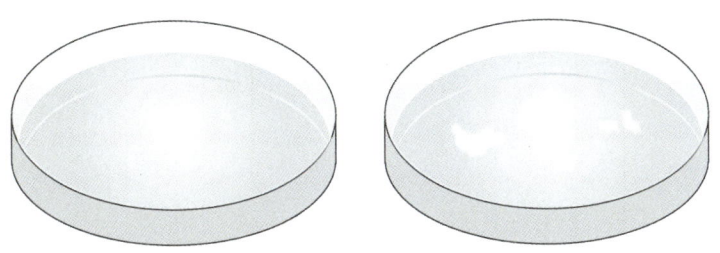

图2-5 酒精试验阴性(左)与阳性(右)

匀,生乳中如无碱性物质则呈黄色或橙黄色,有碱性物质时则呈玫瑰红色或红色,如图2-6所示。

4. 过氧化氢检测

取1mL乳样于试管中,加入0.2~0.5mL碘化钾淀粉溶液,混合后加1滴硫酸溶液(1:1),摇匀,乳样中含过氧化氢则呈蓝色,10min内乳样无颜色变化为正常乳,如图2-7所示。

5. 亚硝酸盐检测

配制格里斯干试剂,取89g酒石酸、10g无水对氨基苯磺酸、1g α-萘胺,三种试剂分别称好后小心地在研钵中研细,充分混合,在棕色瓶中密封干燥保存,备用。

取3mL乳样于试管中,加入格里斯干试剂0.3g,振荡,若试管中呈桃红色,则乳样中亚硝酸盐的含量超过正常值,如图2-8所示。

6. 硝酸盐检测

取2mL乳样于试管中,加入硝酸盐固体试剂0.3g,振荡1.5min,若呈红色,则乳样中硝酸盐的含量超过正常值,如图2-9所示。

7. 磷酸盐检测

吸取10mL生乳注入试管中,加1mol/L磷酸二氢钾溶液1mL,充分混合后,将试管浸于沸水中水浴5min,然后取出冷却,观察有无絮状物出现,有絮状物出现的表示其热稳定性不好,如图2-10所示。

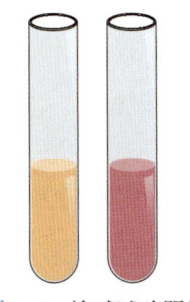

图2-6 掺碱试验阴性(左)与阳性(右)

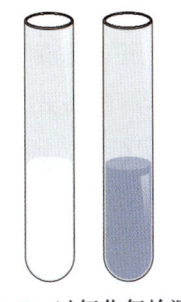

图2-7 过氧化氢检测阴性(左)与阳性(右)

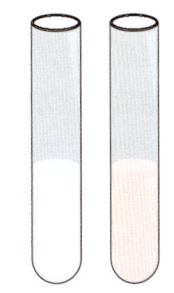

图2-8 亚硝酸盐检测阴性(左)与阳性(右)

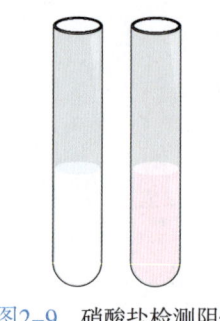
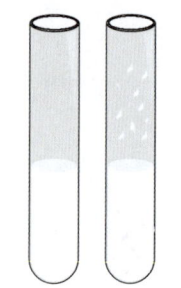

图2-9 硝酸盐检测阴性（左）与阳性（右）　　图2-10 磷酸盐检测阴性（左）与阳性（右）

8. 尿素检测

试管中放入生乳9mL，先加1%亚硝酸钠1mL，充分摇匀后，再加浓硫酸1mL，摇匀，放置5min，泡沫消失后加格里斯干试剂约0.5g立即摇匀并计时2min，观察生乳的颜色变化情况，正常乳为紫色，阳性乳为黄色。尿素检测限为0.5‰。尿素添加量为0、0.1‰、0.2‰、0.3‰、0.4‰、0.5‰、0.6‰、0.8‰、1‰时，样品显色情况如图2-11所示，其中添加量0‰～0.5‰合格，0.6‰～1‰不合格。

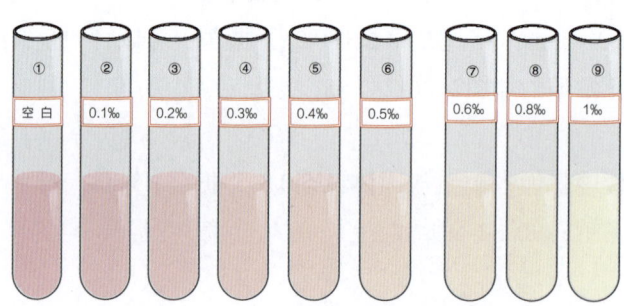

图2-11 尿素检测样品显色情况

9. 皮革水解蛋白检测

（1）用移液管吸取5.00mL乳样放于表面皿内，吸取1.00mL除蛋白试剂放入平皿内，边加边混合均匀。

（2）混匀后的待测样品用滤纸进行过滤，滤液收集于试管内。

（3）过滤后沿试管壁慢慢加入饱和苦味酸溶液0.60mL形成环状接触面。

（4）结果判定　按环层颜色变化判定结果，环层颜色清亮表明不含皮革水解蛋白，为合格乳；白色环状表明含皮革水解蛋白，为异常乳，如图2-12所示。

动物水解蛋白

10. 硫氰酸钠检测

（1）用移液管吸取2.00mL乳样于试管中。

硫氰酸钠

（2）吸取1.00mL三氯化铁试剂，沿试管壁缓缓加入试管内，加入时间约1min。

（3）在5min内观察三氯化铁与乳样接触面的颜色。

（4）结果判定 按接触面颜色判定结果，若接触面颜色呈黄色，表明无硫氰酸钠；若呈橘黄色，表明存在微量硫氰酸钠；若呈红色，表明存在中量硫氰酸钠，如图2-13所示。

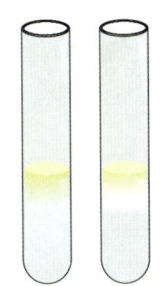
图2-12 皮革水解蛋白检测阴性（左）与阳性（右）

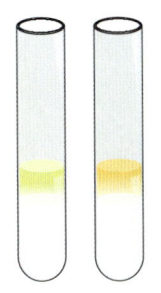
图2-13 硫氰酸钠检测阴性（左）与阳性（右）

活动四 生乳快速检测

对所采样品进行抗生素残留、β-内酰胺酶、三聚氰胺、黄曲霉毒素M_1、氟苯尼考检测，记录检测结果，填写表2-11，并判定生乳是否放行。

一、准备工作

按照表2-10准备实验器材。

表2-10 生乳快速检测试剂及仪器准备列表

检测项目	试剂和材料	仪器和设备
抗生素残留	β-内酰胺-四环素二合一试剂盒	移液枪（500μL）、SNAP读数仪
β-内酰胺酶	β-内酰胺酶快速试剂条	温育器、移液枪（200μL）
三聚氰胺	三聚氰胺快速试剂条	温育器、移液枪（200μL）、SNAP读数仪
黄曲霉毒素M_1	黄曲霉毒素M_1试剂盒	温育器、移液枪（500μL）、SNAP读数仪
氟苯尼考	氟苯尼考抗生素残留检测试剂盒	温育器、移液枪（200μL）、SNAP读数仪

二、样品检测

1. 抗生素残留检测

使用β-内酰胺-四环素二合一试剂盒检测抗生素残留，试剂盒组件如图2-14所示。

生乳抗生素检测

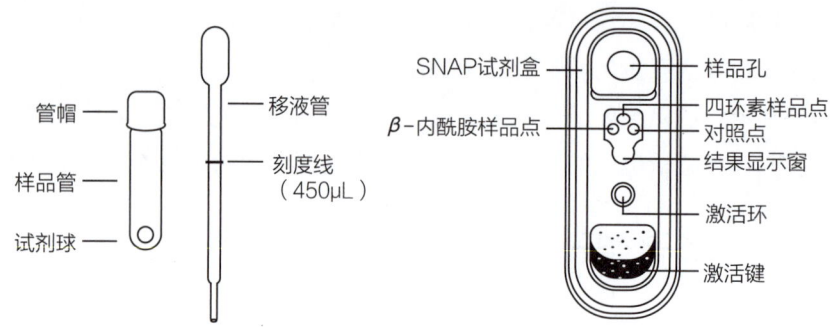

图2-14 试剂盒组件

（1）SNAP试剂盒使用前放置在室温下15min。

（2）将SNAP试剂盒置于水平表面上。

（3）用移液管吸取乳样（450±50）μL至刻度线。

（4）将移液管的乳样全部加入样品管；摇晃样品管，使试剂球溶解。

（5）将乳样倒入SNAP试剂盒的样品孔中；样品到达激活环一半时，按下激活键；等待6min。

（6）将SNAP试剂盒插入SNAP读数仪，读取检测数据和结果。

（7）结果判定　读数≤1.05，抗生素残留检测为阴性，合格乳。

注意事项　在移液过程中，从样品容器的中间位置采样，并将样品慢慢吸入移液管，避免产生气泡；在摇匀过程中，试剂球一定要在样品管的底部，且摇匀不超过15s。

抗生素残留检测操作方法及结果判定如图2-15、图2-16所示。

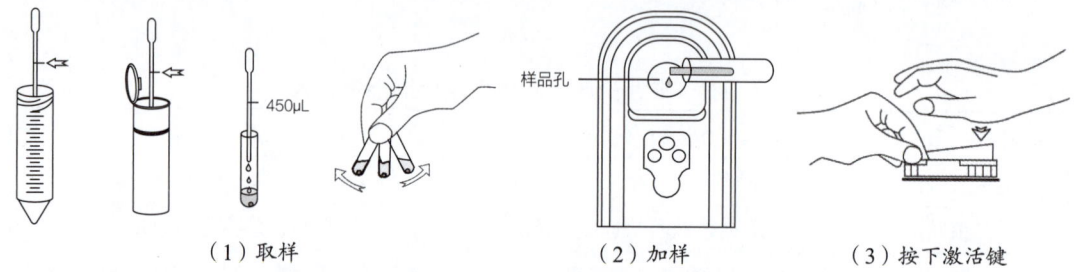

图2-15 抗生素残留检测操作方法

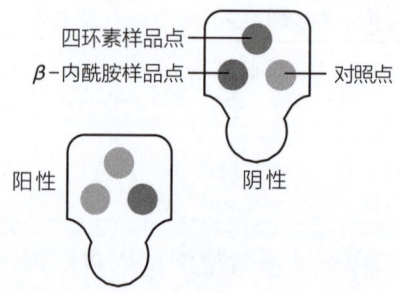

图2-16 抗生素残留检测结果判定

2. β-内酰胺酶检测

使用β-内酰胺酶残留检测试剂条检测β-内酰胺酶。

（1）将温育器打开，设置温度为40℃，温度稳定后待用。

（2）打开试剂桶，取所需量金标微孔和标准微孔，置于温育器上。

（3）用移液枪吸取200μL乳样于白色的标准微孔中，充分混匀。

（4）在40℃温育器中温育12min。

（5）温育后，将标准微孔的样品溶液全部转移至红色的金标微孔中，抽吸5~10次，使紫红色颗粒完全溶解。

（6）将金标微孔继续在40℃温育器中温育3min。

（7）从对应的试纸桶中取出试纸条插入金标微孔中，使样品垫充分浸入乳样中，反应3min。

注意事项　请勿用手触碰吸水纸外的其他区域，超过10min结果判读无效。

（8）结果判定　C线为控制线，T线为检测线。若T线比C线颜色浅或没有颜色，β-内酰胺酶检测为阴性，合格乳；T线与C线颜色一致或比C线颜色深，β-内酰胺酶检测为阳性，异常乳；C线不显色，无论T线是否显色，该试纸条均判为无效。

β-内酰胺酶检测结果判定如图2-17所示。

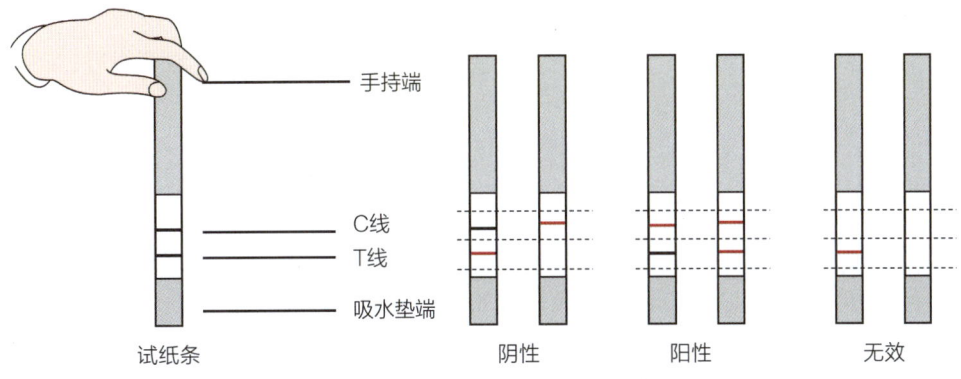

图2-17　β-内酰胺酶检测结果判定

3. 三聚氰胺检测

使用三聚氰胺快速试剂条检测三聚氰胺。

（1）将温育器打开，设置温度为40℃，温度稳定后待用。

（2）打开试纸筒，取所需量微孔，置于温育器上。

（3）用移液枪吸取200μL乳样加入红色试剂微孔中，抽吸5~10次直至微孔试剂混合均匀。

（4）在温育器上（40±2）℃，温育3min。

（5）从对应的试纸筒中，取出试纸条插入红色试剂微孔中。

（6）在温育器上（40±2）℃，继续温育3min。

（7）用镊子把吸水棉去掉后放入读数仪进行读数。

> **注意事项** 在插入试纸条反应结束后5min内读取结果，超过5min后结果判读无效。

（8）结果判定 测试值$R>1.1$为阴性，合格乳；测试值$R≥0.9~1.1$，为弱阳性，不合格乳；测试值$R<0.9$，阳性，不合格乳。

4．黄曲霉毒素M_1检测

使用黄曲霉毒素M_1试剂盒检测黄曲霉毒素M_1。

（1）将SNAP试剂盒置于水平表面上。

（2）用吸管吸取乳样（450±50）μL至刻度线；将移液管的乳样全部加入样品管；盖上管帽，摇匀溶解试剂球。

（3）放入温育器内[（45±5）℃]温育2min。

（4）取出温育后的样品管，摇匀，将样品倒入SNAP试剂盒的样品孔中；待样品进入到激活孔一半时，按下激活键。

（5）再将试剂盒放入温育器内，温育7min。

（6）将SNAP试剂盒插入SNAP读数仪，读取检测数据和结果。

（7）结果判定 读数≤1.05，黄曲霉毒素M_1检测为阴性，合格乳。

> **注意事项** 在移液过程中，从样品容器的中间位置采样，并将样品慢慢吸入移液管，避免产生气泡；在摇匀过程中，试剂球一定要在样品管的底部，且摇匀不超过15s。

5．氟苯尼考检测

使用氟苯尼考抗生素残留检测试剂盒检测。

（1）将温育器打开，设置温度为40℃，温度稳定后待用。

（2）打开试纸筒，取所需数量微孔，置于温育器上。

（3）用移液枪吸取200μL乳样加入微孔中，缓慢抽吸8~10次混匀，然后放置在温育器上。

（4）在温育器上（40±2）℃温育3min。

（5）将试纸条插入微孔中。

（6）在温育器上（40±2）℃继续温育6min。

（7）用镊子把吸水棉去掉后放入读数仪进行读数。

> **注意事项** 在插入试纸条反应结束后5min内读取结果，超过5min后结果判读无效。

（8）结果判定 测试值$R>1.1$为阴性，合格乳；测试值$R≥0.9~1.1$，为弱阳性，不合格乳；测试值$R<0.9$，阳性，不合格乳。

氟苯尼考检测结果判定如图2-18所示。

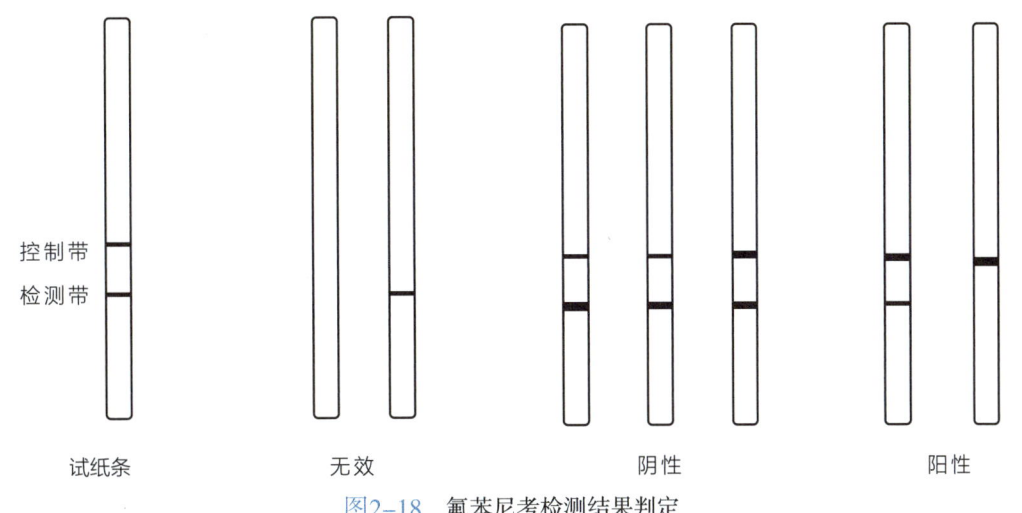

图2-18 氟苯尼考检测结果判定

表2-11 生乳验收原始记录表

检测依据		(GB 19301—2010)《食品安全国家标准 生乳》				
仪器设备		分析天平		碱式滴定管		
		SNAP读数仪		密度计		
		FT120		培养箱		
		温育器		温度计		
	序号	—		1	2	3
感官	煮沸试验	加热煮沸后乳香浓郁,无异味				
	色泽	呈乳白色或微黄色,不应有其他异色				
	组织状态	呈均匀一致液体,无沉淀,无凝块,无正常视力可见异物				
	滋味与气味	有新鲜牛乳固有滋味和气味、无异味				
	感官评级	A级/B级/C级				
进厂乳温/℃		≤6				
相对密度d_4^{20}		≥1.027				
冰点/℃		−0.560 ~ −0.500				
脂肪/(g/100g)		≥3.1				
蛋白质/(g/100g)		≥2.8				
非脂乳固体/(g/100g)		≥8.1				
酸度/°T		12 ~ 18				
煮沸后酸度差/°T		≤2				
杂质度/(mg/L)		≤0.75				
酒精试验		阴性				

续表

	掺碱试验	无掺碱现象，阴性			
	抗生素残留检验	阴性			
	过氧化氢（双氧水）	无颜色变化，阴性			
	亚硝酸盐	无颜色变化，阴性			
	硝酸盐	无颜色变化，阴性			
	重铬酸盐	无颜色变化，阴性			
	磷酸盐	无絮状物出现，阴性			
	尿素	正常乳为紫色，阴性			
掺杂掺假	皮革水解蛋白	环层颜色清亮，阴性			
	硫氰酸钠	接触面颜色为黄色，阴性			
	β-内酰胺酶	阴性			
	三聚氰胺	>1.1			
	黄曲霉毒素M_1	阴性			
	氟苯尼考	>1.1			
	结论				

检验人： 检测日期：

任务评价

请根据表2-12中的评价内容与标准，针对任务实施中的表现，完成评价任务。

表2-12　任务评价表

评价项目	评价内容与标准	评价结果
知识目标	能概述奶槽车采样要求	是□ 否□
	能说出感官检验项目要求	是□ 否□
	能概述奶槽车理化检测项目及方法	是□ 否□
	能概述奶槽车快速检测项目及方法	是□ 否□
能力目标	能按照采样卫生要求和安全要求完成生乳采样	是□ 否□
	能按国家标准要求完成生乳感官检验	是□ 否□
	能按国家标准要求完成生乳理化检测	是□ 否□
	能按国家标准要求完成生乳快速检测	是□ 否□
	能根据生乳快速检测结果判断是否放行	是□ 否□
素养目标	养成严格按照国家标准或企业标准进行检测的职业习惯	是□ 否□
	能及时记录原始数据，具备实事求是、严谨认真的职业素养	是□ 否□

职场故事

"细节"决定"品质"

某乳制品厂针对夏季生乳异常率高的问题，成立专门工作小组，进行调查研究。经工作小组调查，生乳离开牧场时各项指标均达标，然而进厂时却出现了乳温偏高、个别批次生乳微生物指标不达标的问题。工作小组将源头瞄准奶槽车，推测奶槽车是否运输动线过长或运输流程有误，使生乳运输时间过长，导致进厂乳温升高。经核查，奶槽车运输流程、运输动线均正常。工作小组进一步检查奶槽车罐体冷却系统，发现其工作正常。此时，工作小组有成员对比了所有以往的生鲜乳交接单，发现夏季出现生乳异常的多集中于某一固定型号的奶槽车。工作小组抓住这一现象，仔细对比了该型号奶槽车与其他型号奶槽车的区别，最终找到答案，原来该型号奶槽车的卸乳管道设计不合理，卸乳管道长且无保温层，夏天长时间运输后，此段管道内的生乳状态会发生变化，最终造成了生乳到达工厂时乳温升高且变质。为避免此情况再次出现，针对该类设计的奶槽车，收乳人员卸乳前需先对卸乳管进行排放和清洁，再连接管道收乳，夏季生乳异常率高的问题得以解决。

可以看到，乳制品加工过程中任何一点细微偏差或失误都有可能造成巨大的经济损失，因此，在乳制品加工过程中，需严格把控好环境、设备、微生物、人员等可能产生危害因素的各个细节，防患于未然，以确保乳制品品质。

思考练习

1. 奶槽车为什么需要做铅封检查？
2. 采样过程中需要注意什么？
3. 若生乳经验证项目检测不合格，应如何处置？
4. 选择一家乳制品企业进行调研，调查其生乳验收检测项目，填写表2-13。

表2-13 生乳验收检测项目调查表

企业名称			
检测项目	感官检验	理化检测	快速检测

任务二 生乳预处理

学习目标

1. 能概述生乳的脱气与计量、净化与标准化、均质的方法和原理。
2. 能按加工要求完成生乳标准化计算。
3. 能按照操作规程完成标准化和高压均质操作。
4. 建立安全生产意识，遵守乳制品企业的安全生产规定。

任务描述

生乳验收合格后，需经过脱气、计量、净乳、冷却等一系预处理工序，如图2-19所示，本次学习任务是：生乳预处理，要求利用离心分离机，对验收合格的生乳进行标准化，利用高压均质机对标准化的乳进行均质操作。

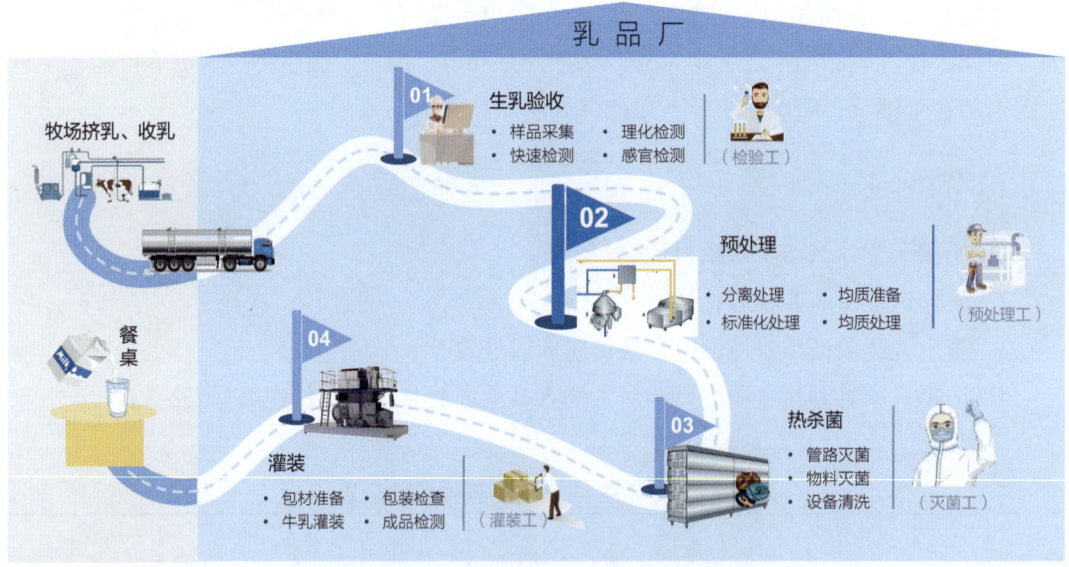

图2-19 乳制品生产加工流程

知识准备

一、生乳计量方法

奶槽车进入乳制品企业，生乳验收合格后进入收乳环节，通常按容积法或重量法来计量。

（一）容积法计量

容积法就是按照牛乳的体积来计量收乳的量，需要脱气装置和流量计。奶槽车的出口阀与一台脱气装置相连，生乳经过脱气被泵送至流量计，流量计不断显示生乳的总流量，如图2-20所示。当所有生乳卸车完毕，用流量计记录下生乳的总体积。收乳流量计有两种，一种是体积流量计，流量计的结果乘以牛乳的密度就是收乳重量（单位一般为kg）；一种是重量流量计，其读数就是收乳重量（单位为kg）。泵的启动由与脱气装置相连的传感控制元件控制。在脱气装置中，当生乳达到能防止空气被吸入管线的预定液位时，乳泵开始启动。当生乳液位降至某一高度时，乳泵立即停止。目前乳制品加工厂的收乳重量的计量普遍使用容积法。

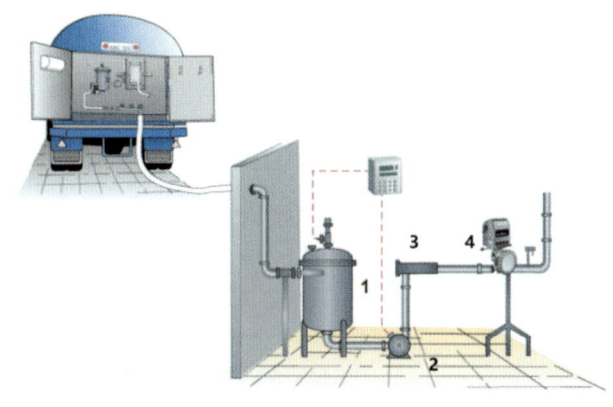

图2-20 容积法计量
1—脱气装置 2—泵 3—过滤器 4—流量计

（二）重量法计量

重量法就是按照牛乳的重量来计量收乳的量。用奶槽车收乳可以用以下两种方法称量。

（1）称量奶槽车卸乳前后的重量，然后将前者数值减去后者数值。

（2）用在底部带有称量元件的特殊称量罐称量。

用第一种方法时，奶槽车到达乳制品厂后，车开到地磅上，如图2-21所示。数字记录有人工的，操作人员根据司机的编号记录牛乳的重量。也有自动记录的，司机把一张卡插入扫描器，称量的数值就自动记录下来了。

通常奶槽车在称重前先通过车辆清洗间进行冲洗。这一步骤在恶劣的天气条件下尤为重要。当记录下奶槽车卸乳前的重量后，生乳通过封闭的管线经脱气装置，而不是流量计，进入乳制品厂。生乳排空后，奶槽车再次称重，得到车身自重，用前面记录的重量减去车身自重就得到生乳的净重。

用称量罐称量时，生乳从奶槽车被泵入一个罐脚装有称量元件的特殊称量罐中，如图2-22所示。该元件发出一个与罐重量成比例的信号，当生乳进入罐中时，信号的强度

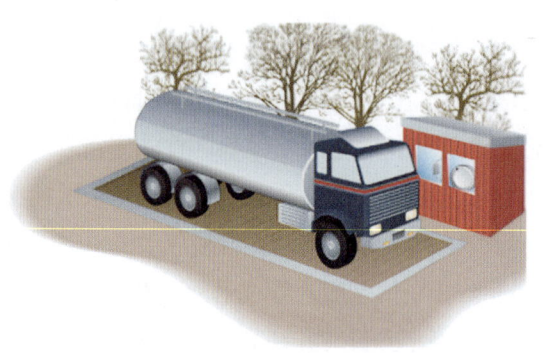
图2-21 奶槽车在地磅上称重
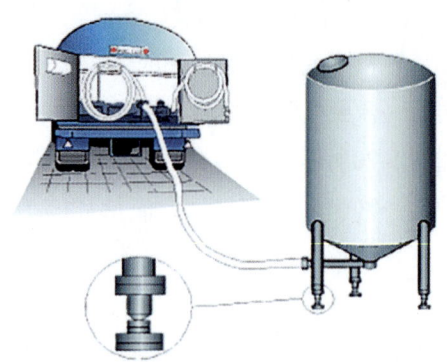
图2-22 底部带有称量元件的特殊称量罐

随罐的重量增加而增加。由此,所有的乳交付后,该罐内生乳的重量被记录下来,随后生乳被泵入大贮奶罐。

二、脱气的意义

生乳中或多或少总会含有空气,牛乳中气体的多少由牛血液中空气含量所决定。牧场挤乳处理过程、运输途中以及乳制品厂收乳过程中,会有更多的空气混入牛乳。分散的空气容易引起以下问题。

(1)计量时体积不准确。

(2)脱脂过程中降低分离率,降低自动标准化生产线的准确性。

(3)奶油生产的产量损失。

(4)包装物顶部的脂肪黏附。

收乳时计量前通常需要脱气处理,去除牛乳中的空气,有利于体积计量,同时也有利于输送泵的正常运转,避免离心泵空转。牛乳生产线上也会设有脱气罐,如图2-23所示。

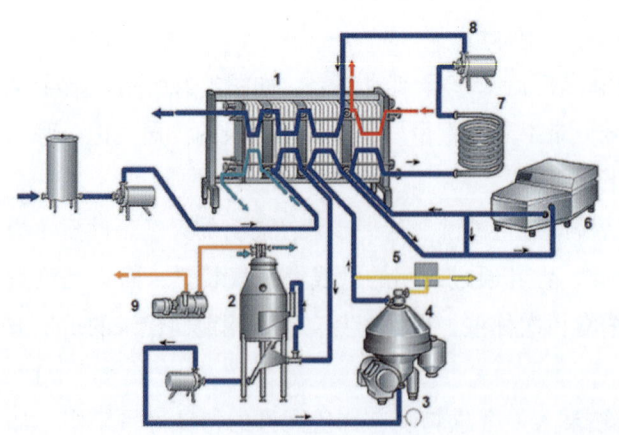

1—板式热交换器　2—脱气罐
3—流量控制器　4—分离机
5—标准化单元　6—均质机
7—保温管　8—加压泵
9—真空泵

图2-23 带脱气罐的牛乳生产线

三、净化方法

乳的净化,简称净乳,是指去除生乳中的杂质,包括牛毛等肉眼可见的杂质,也包括肉眼不可见的白细胞、耐热芽孢等。自然沉降、过滤都可去除部分杂质,但是效率较低,乳制品工厂通常采用过滤结合净乳机离心排渣进行净乳处理。

(一)过滤法

传统过滤方式:纱布过滤,将消毒过的纱布折成3~4层,结扎在乳桶口上,称重后的乳倒入扎有纱布的桶中即可达到过滤的目的。

机械过滤方式:可采用管道过滤器,如图2-24所示,当生乳进入置有相应规格滤网的滤筒后,杂质滤至管道底部,滤液则由过滤器出口排出,待过滤网杂质积累到一定程度后,需取出过滤网清理。

也可采用双联过滤器,如图2-25所示,两只过滤器交替使用,可以不停机更换滤网,能够防止过滤器堵塞,保证连续生产。

 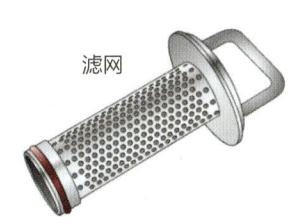

图2-24 牛乳管道过滤器　　图2-25 双联过滤器

(二)离心净乳法

离心净乳法的净化原理为,乳在分离钵内受到强大的离心力作用,将大量的机械杂质留在分离钵内壁上,达到乳净化的目的。在离心净乳机中,牛乳从碟片组的外侧边缘进入分离通道,并快速地流过通向转轴的通道,并由上部出口排出,如图2-26所示。流经碟片组的途中固体杂质被分离出来并沿着碟片的下侧被甩回净化钵的周围,在此集中到沉渣空间。

四、标准化

(一)标准化的概念及目的

标准化是指产品脂肪含量或者蛋白质含量标准化调

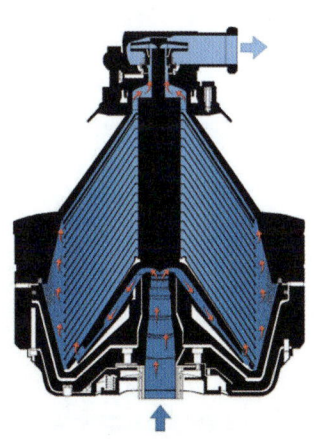

图2-26 牛乳在离心净乳机中的流动路线

整的工序。每头奶牛每一槽所产的牛乳脂肪和蛋白质含量均不完全相同,同一头奶牛一年四季不同时期所产的牛乳脂肪和蛋白质含量也不是一成不变的,而工业化生产的每一批次的产品质量标准是稳定的,乳制品工业通常通过标准化的工序实现乳制品脂肪和蛋白质含量稳定且达标。

各国牛乳标准化的要求有所不同,目前我国乳制品厂标准化主要是针对脂肪含量进行调整,一般来说,全脂牛乳含有3.25%～5%脂肪,低脂牛乳含有1.5%～1.8%的脂肪,而脱脂牛乳仅含有少于0.5%的脂肪。因此,标准化是乳制品厂的重要工作。

(二)脂肪标准化的过程

使用离心分离机对牛乳进行标准化处理,如图2-27所示。牛乳进入分离机之前,通常要在热交换器中加热到55～65℃。经过离心分离机后,被分离出脱脂乳和稀奶油。根据目标脂肪含量进行计算,通过密度传感器和流量感应器的感应,控制稀奶油的流速和流量,适量的稀奶油与脱脂乳再混合,混合后的牛乳即可达到标准的脂肪含量,成为标准化乳,如图2-28所示。

图2-27 用于标准化的离心分离机

(三)标准化的计算

1．计算原则

生乳中脂肪含量不足时,应添加稀奶油;当生乳中脂肪含量过高时,则可添加脱脂乳或提取一部分稀奶油,另外要按产品标准加入和调整乳中的其他成分。

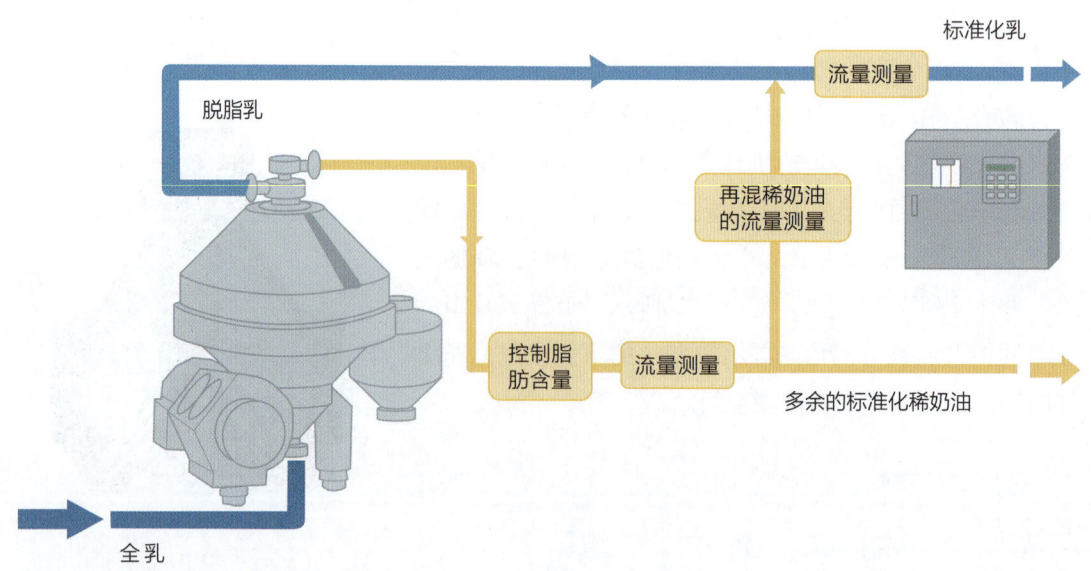

图2-28 在线标准化的过程

2. 计算方法

脂肪含量计算如式（2-1）所示。

$$脱脂乳脂肪重量 + 稀奶油脂肪重量 = 标准乳的脂肪重量 \quad (2-1)$$

例：如图2-29所示，现有100kg脂肪含量为4%的生乳，经离心分离后，得到90.1kg脂肪含量为0.05%的脱脂乳和9.9kg脂肪含量为40%的稀奶油，现要制备脂肪含量为3%的标准化乳，问需要在脱脂乳中添加多少千克稀奶油才能制成标准化乳？

答：设需要添加稀奶油X kg。

$$90.1 \times 0.05\% + X \times 40\% = (90.1+X) \times 3\%$$

$$X=7.2 \text{ kg}$$

因此需要添加稀奶油7.2kg。

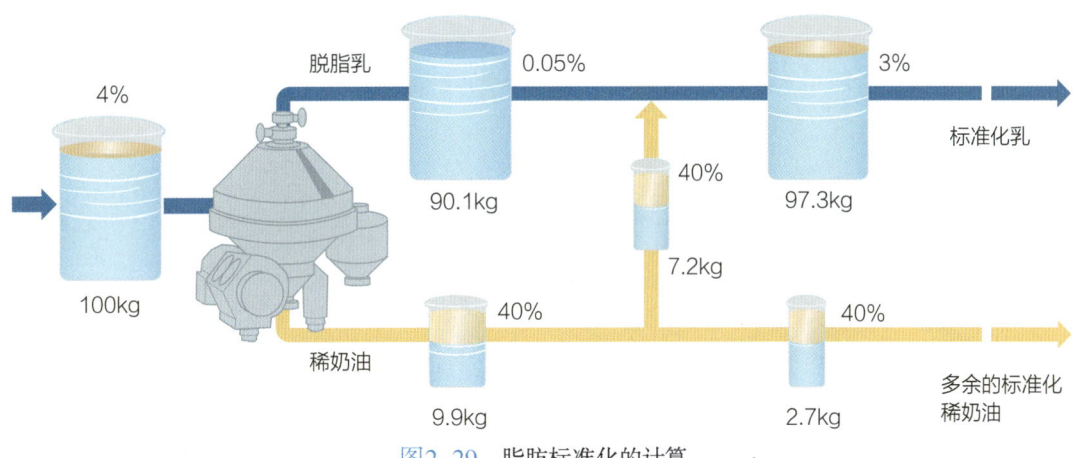

图2-29 脂肪标准化的计算

现代化的乳制品加工厂中，不需要进行人工计算，工作人员只需在主机上输入生乳重量、生乳脂肪含量、标准化乳脂肪含量，即可通过用控制阀、流量计、密度计和计算机化控制环路来调节生乳和稀奶油的脂肪含量，以达到要求的值。

五、均质

乳在放置一段时间后，上部分会出现一层淡黄色的脂肪层，称为"脂肪上浮"。其原因主要是乳脂肪的密度小（一般为0.945g/cm³）、脂肪球直径大且大小不均匀，容易聚结成团块，影响乳的感官质量。因此，乳制品加工时需对乳进行均质。

（一）均质的概念及目的

在强力的机械作用下（一般为18～22MPa）将乳中大的脂肪球破碎成小的脂肪球，均匀一致地分散在乳中，这一过程称为均质。其目的是使不均匀的脂肪球呈数量更多的较小的脂肪球颗粒且均匀一致地分散在乳中。

自然状态的牛乳，其脂肪球直径大小不均匀，为1～10μm，75%的脂肪球直径为2.5～5μm，其余为0.1～2.2μm。经均质，脂肪球直径可控制在1.0μm以下，如图2-30所示。均质后的乳脂肪球半径减小，上浮速度下降，乳可长时间保存不分层，可防止脂肪球上浮，不易形成表层脂肪。

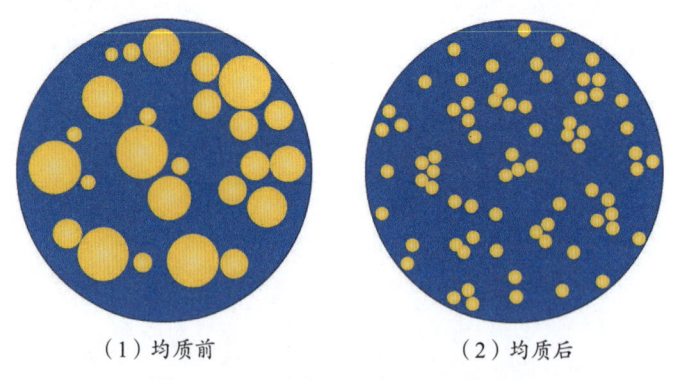

（1）均质前　　　　　　（2）均质后

图2-30　均质前后牛乳中脂肪球状态

（二）均质的原理

均质是剪切作用、空穴作用和撞击作用共同作用的结果，均质阀中的均质过程如图2-31所示。

1．剪切作用

牛乳以高速通过均质头中的狭缝会对脂肪球产生巨大的剪切力，使脂肪球变形、伸长而破碎。

2．空穴作用

牛乳液体在间隙中加速的同时，静压能下降，一旦降至脂肪的蒸气压以下，就会产生空穴现象，脂肪球因此受到非常强的爆破力而破碎。

3．撞击作用

当脂肪球高速冲击均质环时会产生进一步的剪切力。

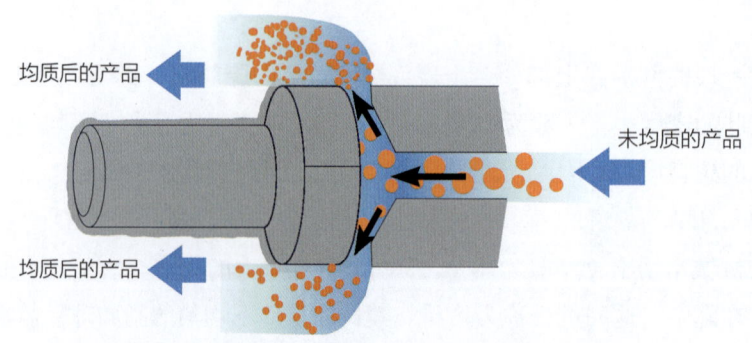

图2-31　均质阀中的均质过程

（三）均质的方法

生产上一般采用二段式均质，即第一段均质使用较高的压强（16~20MPa），使脂肪球破碎；第二段均质使用低压强（3~5MPa），使已破碎的小脂肪球分散，防止粘连，如图2-32所示。

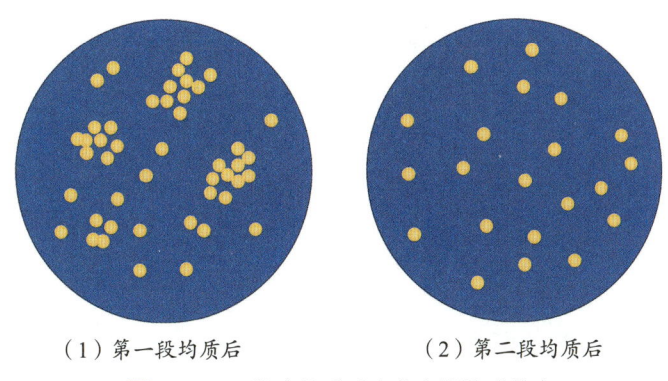

（1）第一段均质后　　　　（2）第二段均质后

图2-32　二段式均质后牛乳中脂肪球状态

（四）影响均质的因素

1．含脂率

均质使脂肪球破碎形成许多小脂肪球，如果均质乳的含脂率过高，小脂肪球间的距离小，容易碰撞产生脂肪球粘连。当含脂率大于12%时，此现象就容易发生。

2．均质温度

均质温度应选择让脂肪球容易游离出来的温度，这样均质后形成的聚集黏化现象就会少，一般在60~70℃为佳。

3．均质压力

均质压力低，达不到均质效果；压力过高，又会使酪蛋白受影响，对以后的杀菌十分不利，杀菌时往往会产生絮凝沉淀。

任务实施

⚠ 安全提示

预处理工序存在噪声、触电、机械伤害等潜在风险，企业会对预处理工进行定期安全生产培训，帮助从业者识别预处理工序潜在的安全风险，认识安全标识，穿戴防护设备，如图2-33所示，熟记并且严格执行安全预防措施。

乳制品预处理工序生产设施噪声的主要来源有管道震动、离心分离机转动、均质机运行等。

 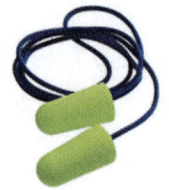  

（1）必须戴护耳器　　（2）防噪声耳塞　　（3）防护耳罩　　（4）防噪声头盔

图2-33　安全标识与防护装备

活动一　标准化

一、开机准备

（1）检查管道连接密封情况。

（2）检查缓冲水压力是否符合要求。

（3）检查油槽中的润滑油是否符合要求，油位不低于视窗下1/4。

（4）检查制动器是否置于非工作状态。

（5）协调各工序运行情况并准备升温。

二、设备消毒

（1）巴氏杀菌机的升温达到85℃。

（2）启动分离机，排渣置自动状态，观察电流及转速变化是否正常，启动时间在3~5min为正常。

（3）在达到要求转速下，打开排渣供水手动开关，水压≥0.25MPa才能正常工作。

（4）然后缓慢打开分离机进料阀，关闭分离机上方旁通，让热水进入分离机，调整稀奶油出口阀、稀奶油进奶油缸阀、脱脂乳出口阀，要求分离机腔体内压力保持0.24MPa。

（5）启动脱脂乳泵和稀奶油泵，巴氏平衡缸回流排放5min。

（6）消毒15min结束，关闭分离机稀奶油出口阀及稀奶油进脱脂乳缸阀。

三、标准化处理

（1）将巴氏杀菌机进行料顶水完成，然后缓慢打开分离机进料阀，关闭旁通将牛乳送入分离机。

（2）调整旋转脱脂乳出口阀，使分离机腔体压力达到0.24MPa。

（3）慢慢打开分离机稀奶油出口阀，使稀奶油出口压力达到0.3~0.5MPa并保持分离机腔体压力达到0.24MPa。微调稀奶油出口阀和脱脂乳出口阀直到全脂乳和脱脂乳中脂肪含量达到要求的范围。

（4）生产中随时观察水压≥0.25MPa。若达不到要求检查，检查水源和滤芯。

四、清洗

标准化结束后，启动原位清洗（clean in place，CIP）程序（概念及操作步骤见模块二任务五）。从产品和CIP清洗液中沉降的污物聚积在钵盘周围的沉降空间中，直到排出系统启动才排出。为了有效地清洗分离机的钵体，定时启动沉渣排放程序。

（1）生产中随时观察水压≥0.25MPa。若达不到要求检查，检查水源和滤芯。
（2）在保证脱脂乳出口阀压力保持在0.25MPa的前提下，流量调至最大。
（3）将管道内的残乳冲洗干净，每15min排渣一次。
（4）每次清洗过程至少要1~2次完全排渣。
（5）手动排渣：手动冲水阀开1s→手动排渣阀开5s→手动冲水阀开2s。

注意事项

（1）控制水应使用清洁的淡水，避免因泥沙、铁锈及其他杂物混入堵塞控制水通道。
（2）重力水箱必须按规定高度安装，以保证控制水的静止压力。
（3）分离机部件要求定期拆洗，以清除内腔的积污和水垢。
（4）目前的稀奶油分离机自动化程度很高，每台分离机的转速和间隙不同，具体生产、消毒、清洗参数要以设备厂家提供的要求为准。

活动二 均质

一、开机准备

（1）检查润滑油的油位和油质，油位应在油眼标线以上，油质不能出现乳白色。
（2）检查各部件连接是否紧密。
（3）检查冷却水管是否畅通。
（4）检查电动机转向（电动机接线点或电气设备维修后）。

二、均质、清洗、停机

产品进入泵体，通过柱塞泵加压。达到的压力是通过背压确定的。背压是由均质装置中均质头和均质座的间隙确定的。

（一）均质

（1）开启冷却水阀门，喷口水量以积水量低于骨架密封圈为准。
（2）开启进料阀及出料阀，按下启动按钮，在无压力状态下运转3min，让设备各部件都进入润滑状态，同时使泵体充分进料将泵体空气排尽。
（3）加压 先将高压手轮顺时针方向旋转至压力表指针点动，然后按先低压后高压的顺序调整至所需要的工作压力（根据工艺要求自定）。

（4）均质工序结束后，逆时针方向旋松压力阀，泄压至压力表压力为零，打开旁通阀。

（二）清洗

生产结束时，进行CIP操作（操作步骤见模块二任务五）。

（三）停机

（1）先关均质机，再关冷却水。

（2）关闭均质机总电源。

> **注意事项**

（1）操作者应注意观察压力表或电流表、电机、柱塞、管件等，如发现异常声音、温升、泄漏等及时通知维修人员处理，严禁设备带病运转。

（2）生产过程中严禁断料，如出现断料现象应立即卸掉压力。

（3）定期对均质机阀球、阀座磨损情况进行检查，以保证均质效果。

任务评价

请根据表2-14中的评价内容与标准，针对任务实施中的表现，完成评价任务。

表2-14　任务评价表

评价项目	评价内容与标准	评价结果
知识目标	能概述生乳脱气与计量的方法	是□ 否□
	能概述生乳净化与标准化的方法和原理	是□ 否□
	能概述生乳均质的方法和原理	是□ 否□
能力目标	能按企业要求完成生乳标准化计算	是□ 否□
	能完成离心分离机的开机准备操作	是□ 否□
	能完成离心分离机的设备消毒操作	是□ 否□
	能完成离心分离机的离心生产操作	是□ 否□
	能完成离心分离机的清洗操作	是□ 否□
	能完成高压均质机的开机准备操作	是□ 否□
	能完成高压均质机的均质、清洗和停机操作	是□ 否□
素养目标	能严格按照操作规范完成操作	是□ 否□
	能与CIP清洗工、现场检验员等岗位有效沟通汇报工作情况	是□ 否□

职场故事

研究关键技术　提升乳品风味

如何改善灭菌乳的口感是我国乳制品企业一直在研究的课题。影响超高温灭菌乳风味和口感的主要因素是牛乳、生产工艺和过程放置时间等。在灭菌乳加工预处理工序中，脱气和均质是最常规的两个项目，某乳制品企业结合牛乳的实际情况，研究了脱气及均质参数对灭菌乳风味的影响，制定了合适的工艺参数、提升了灭菌乳的风味和口感。

研究发现，脱气温度越高，压力越大，灭菌乳中氧气残存量越低，能更好地减少灭菌乳储存中脂肪氧化产生的氧化味和陈旧味。但脱气强度太大，在脱去牛乳中异味和杂味的同时，也会脱去乳香气，降低口感喜好度。为了既能保证灭菌乳中的氧气残存量≤3mg/L，又能保证灭菌乳香气成分的存留及异味的去除，他们针对脱气操作，搭配了15种不同的脱气温度和压力的组合，分别测定旗下产品中残存的氧含量，并进行口感测试，确定了为最佳脱气参数。

接着，他们研究了不同均质压力对灭菌乳的影响。通过灭菌乳粒径大小的检测，灭菌乳脂肪上浮观察，灭菌乳口感测试结果，确定了最佳均质压力，既防止了灭菌乳保质期内的脂肪上浮，又最大限度地提升了乳脂香气，且无酸败气味和其他异味的产生。

最终，新工艺条件制得的灭菌乳产品口感新鲜、无异味、乳香浓郁。

思考练习

1. 今有含脂率为3.1%，总干物质含量为12%的生乳1000kg，欲生产含脂率为3.6%的全脂乳，试计算进行标准化时，需加入多少千克含脂率为35%的稀奶油或含脂率为0.1%的脱脂乳？

2. 今有120kg含脂率为38%的稀奶油，须将其含脂率调整为34%，如用含脂率为0.05%的脱脂乳来调整，则应添加多少脱脂乳？

任务三　热杀菌

学习目标

1. 能概述热杀菌的概念和管式杀菌设备工作原理。
2. 能说出乳制品企业常见的牛乳热杀菌处理的工艺参数。
3. 能借助作业指导书完成利用管式杀菌设备进行牛乳热杀菌。
4. 逐步建立牛乳热杀菌过程的食品安全与质量意识。

乳制品加工

任务描述

热杀菌是乳制品加工的一个关键工序，其目的是破坏牛乳中大部分的微生物，杀灭致病菌，达到安全饮用的要求。本次学习任务是：牛乳热杀菌，要求利用管式杀菌设备，对已经标准化处理后的牛乳进行热杀菌，主要包含开机准备、管道灭菌（SIP）、料顶水、物料杀菌、水顶料等操作，同时做好热杀菌参数记录。

知识准备

一、热杀菌概念

热杀菌是指以杀死微生物，尤其是致病微生物，保障食品安全为主要目的的热处理加工过程。饮用未经热杀菌处理的牛乳，容易引发结核病和斑疹伤寒等。法国科学家路易斯·巴斯德（Louis Pasteur，1822—1895年）发现，热处理可以杀死病原菌。自20世纪中叶以来，出于保障公共卫生的考虑，很多国家通过立法来规范乳制品加工，以规范的热杀菌来确保乳制品不受任何病原菌的危害。

二、热杀菌工艺

杀菌温度和时间的组合非常重要，它决定了热杀菌的强度。图2-34所示是大肠杆菌、斑疹伤寒菌、结核分枝杆菌、耐热球菌的致死率温度-时间曲线。根据这些曲线可知，如果把牛乳加热到70℃，并在此温度下保持1s，就可以杀死大肠杆菌，而在65℃下，需要保持10s才能杀死大肠杆菌。即70℃、1s和65℃、10s这两种组合具有同样的致死率。

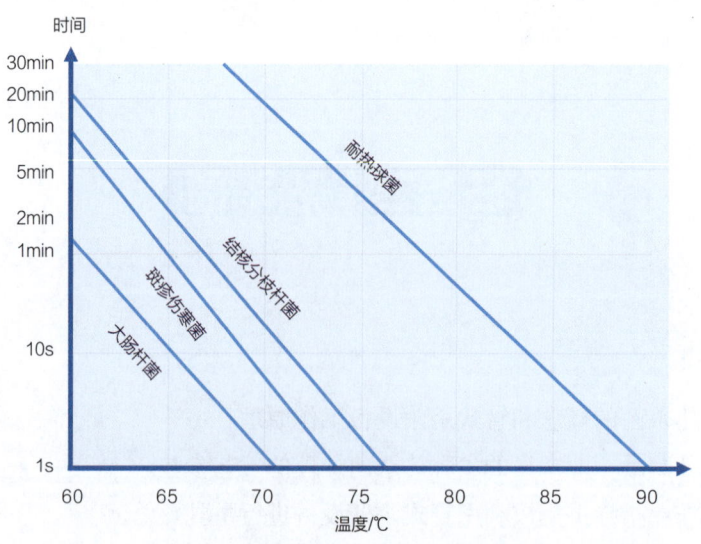

图2-34　细菌致死率温度-时间曲线

热杀菌并不是越强烈越好。牛乳中含有大量热敏性营养成分，企业需要在食品安全与营养之间不断寻找平衡点，同时也会考虑能源成本。常见的热杀菌工艺有四种类型，见表2-15。

表2-15　热杀菌工艺

热杀菌工艺类型	工艺条件	工艺特点
低温长时间巴氏杀菌（LTLT）	62～65℃、30min	能杀死致病菌，不能杀死嗜热菌、孢子，营养成分破坏少，不能连续生产，生产能力低
高温短时间巴氏杀菌（HTST）	72～75℃或82～85℃、15～20s	能杀死致病菌，不能杀死嗜热菌、孢子，营养成分破坏少，能连续生产，生产能力高
超高温灭菌（UHT）	135～140℃、4～6s	能杀死几乎所有的细菌、孢子，热敏性营养成分受到一定程度破坏，能连续生产，生产能力高
二次灭菌	先72～75℃、15～20s，灌装封口后，再90～121℃、30min	能杀死几乎所有的细菌、孢子，热敏性营养成分受到一定程度破坏，能连续生产，能耗大，生产投资大，生产能力高

三、热杀菌原理

（一）热杀菌原理

刚分泌的牛乳是无菌状态的，在挤乳、储存、运输和加工等过程中都可能有微生物混入。生牛乳中可能会有如葡萄球菌、结核分枝杆菌、溶血性链球菌、病原性大肠杆菌等致病微生物，这些病原性微生物一旦随着牛乳进入人体，就可能会引起食物中毒或染上疾病。

热杀菌原理：通过热交换器或者直接加热介质接触，加热牛乳，高温破坏微生物细胞内的蛋白质、核酸等物质，进而杀死微生物。

（二）热杀菌方法

乳制品企业中所有的传热多以传导和对流的方式进行，常采用直接加热和间接加热两种方法。

（1）直接加热系统　如图2-35所示，加热介质与被加热物料直接接触，蒸汽喷入牛乳。该方法能源耗费大，可能存在蒸汽管道里的杂质转移到牛乳中的风险。

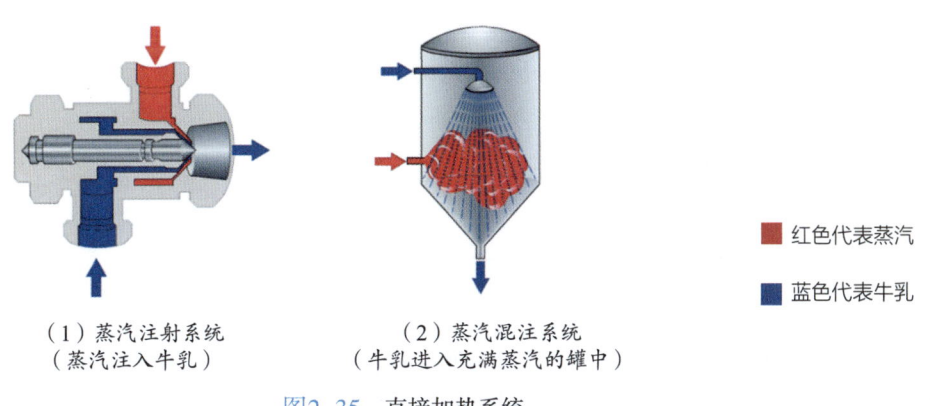

（1）蒸汽注射系统　　　　（2）蒸汽混注系统
（蒸汽注入牛乳）　　　（牛乳进入充满蒸汽的罐中）

■红色代表蒸汽
■蓝色代表牛乳

图2-35　直接加热系统

（2）间接加热系统　如图2-36所示，在热交换器中进行加热，比较普遍。管式热交换器常用于乳制品的巴氏杀菌、超高温灭菌处理，是乳制品企业最常见的热杀菌设备。管式热交换器的内部构造图中，众多小管内部流动的蓝色流体为牛乳物料，外面包裹的套管中的红色流体为加热介质［图2-36（1）（2）］。物料和加热介质始终相伴而行，最大限度地增加了换热面积，可以迅速完成热交换。

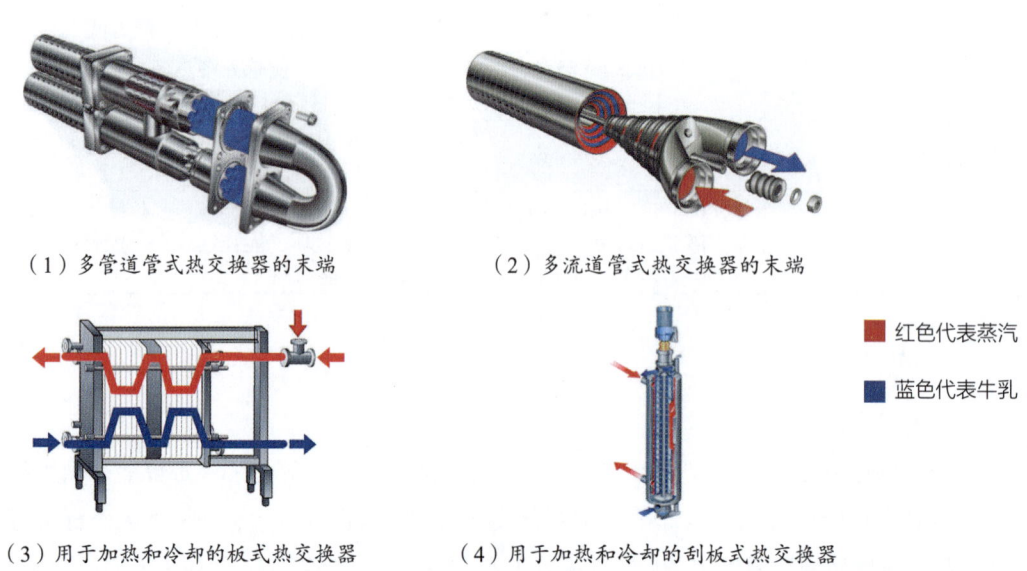

（1）多管道管式热交换器的末端　　（2）多流道管式热交换器的末端

（3）用于加热和冷却的板式热交换器　（4）用于加热和冷却的刮板式热交换器

■ 红色代表蒸汽
■ 蓝色代表牛乳

图2-36　间接加热系统

四、杀菌控制

为了控制食品的显著危害，降低食品安全风险，乳制品企业常用"危害分析和关键控制点（hazard analysis and critical control points，HACCP）"及"操作性前提方案（operational prerequisite program，OPRP）"进行食品安全与质量管理。

（一）危害分析和关键控制（HACCP）

国际标准（CAC/RCP-1）《食品卫生通则第3版》对HACCP的定义为：鉴别、评价和控制对食品安全至关重要的危害的一种体系。乳制品工厂识别热杀菌工序是关键控制点，杀菌工序的HACCP计划表杀菌工序部分见表2-16。

随着智能化水平的提高，大部分工艺参数通过探头和网线传输到控制中心（俗称中控室），并由中控员通过屏幕监控设施，每小时将监控点的数值记录在生产记录上，同时确认各个监控点数值在要求范围内。杀菌设备自带温度报警功能，一旦杀菌温度低于下限，则回流阀门自动打开，将牛乳进行回流或者排地，保证产品杀菌效果。

（二）操作性前提方案（OPRP）

操作性前提方案（OPRP）是食品安全管理体系中的关键控制点（CCP）的前提条件，是确保食品安全的必要措施。OPRP是指在食品生产过程中，除了控制关键控制点（CCP）

表2-16　HACCP计划表——常温纯乳

关键控制点（CCP）	显著危害	关键限值	监控				记录	监控人员职责与权限	纠偏		验证
			对象	内容	方法	频率	人员			纠偏行动	纠偏人员	
杀菌CCP	生物性	UHT杀菌温度：135~139℃ 4000L/h（时间：4~6s）	杀菌参数	杀菌温度、杀菌流量	自动监控并记录显示仪表读数	每小时	中控员	《常温纯乳中控生产原始记录》	• 确保杀菌温度和杀菌流量符合工艺要求并及时做好记录；• 出现异常立即汇报领班	设备清洗消毒，重新灭菌	操作工、机修工、品控员	• 生产领班每批次复核；• 检验室对半成品进行微生物检验；• 品控部每年对杀菌效率验证一次

之外，必须采取的其他控制措施，以减少或消除有害物质的风险。常温纯乳OPRP控制计划表杀菌设备部分见表2-17。

工厂根据产品生产过程，识别评估并列出OPRP控制计划表，监控内容包括温差范围、杀菌机打压测试要求、探头精准度等，所以OPRP的管控不仅限于数值监控，还有巡检、测试或准确度校准等。

表2-17　OPRP控制计划表——常温纯乳

操作性前提方案（OPRP）	显著危害	行动准则	监控				纠偏		记录
			对象	方法	频率	人员	纠偏行动	纠偏人员	
杀菌设备	微生物污染	在每次开机及生产过程中检查产品输送管道无泄漏	无菌输送管道及杀菌机保持管压力控制阀、保持管活接、保持管法兰泄漏情况	检查	每次开机前及生产过程检查	操作工	停机清洗	• 操作工 • 品控员	区域巡检记录
		设备未超10年的，每5年打压一次；设备超10年后，每年对产品管道打压一次，压强0.6~0.8MPa，1h压强下降≤0.05MPa（使用压缩空气）	产品管道	打压	每年	机修工	停机打压	机修领班	打压报告
		Δt（热水温度-杀菌温度）≤8℃	设备参数	监控并记录仪表显示数据	每小时/每批次	操作工	重新进行CIP清洗、消毒	操作工	中控生产原始记录

（三）异常处理

（1）生产时出现杀菌温度低、设备掉温情况，设备自动进入排空状态，水顶料排地，设备必须进行再次清洗才能生产。

（2）生产过程中出现泄漏情况，应及时上报，根据单机当前步骤，进行降温、水顶或者急停等操作，然后进行维修。

（3）生产时出现断电情况，杀菌机重新通电后，必须先水冲，将杀菌机内物料排地，然后清洗，再根据停电时间长短决定是否拆检。

（4）生产时，非正常情况下平衡缸液位低，杀菌机水顶料生产结束后，查找原因并排除故障，若未掉温，可根据生产计划再次进行生产。

（5）发现其他异常不能处理的，应立即上报，进行处置。

任务实施

> ⚠ 安全提示
>
> 杀菌工序存在高温烫伤等潜在风险，企业会在杀菌设备上张贴当心高温表面等安全标识，如图2-37所示，请熟记并且严格执行安全预防措施，避免直接接触杀菌设备部件，佩戴耐高温防护手套，降温后方可进行作业。

 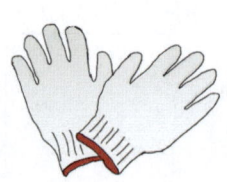 

（1）当心高温表面　　（2）耐高温手套　　（3）当心触电

图2-37　安全标识与防护装备

活动一　杀菌前准备

一、开机准备

（一）开机准备目的

开机前准备工作主要是检查水、电、汽、压力表、设备等的状态是否正常，连接相关管道及阀门等为杀菌设备开机做好准备。

（二）开机准备步骤

（1）拆下均质机缓冲管，用毛刷刷洗干净。定期拆开保温管弯头检查清洗效果及密封圈是否完整或老化。

(2)打开压缩空气、蒸汽和水的阀门,注意检查压力值是否正确,检查所有设备的连接、密封情况。

(3)打开电源、蒸汽和变频器开关至ON。

(4)检查紧急关闭按钮是否处于释放状态。检查所有的手动/自动开关、控制器均设定在自动状态。

(5)协调各工序运行情况并准备升温。

开机准备工艺流程图如图2-38所示。

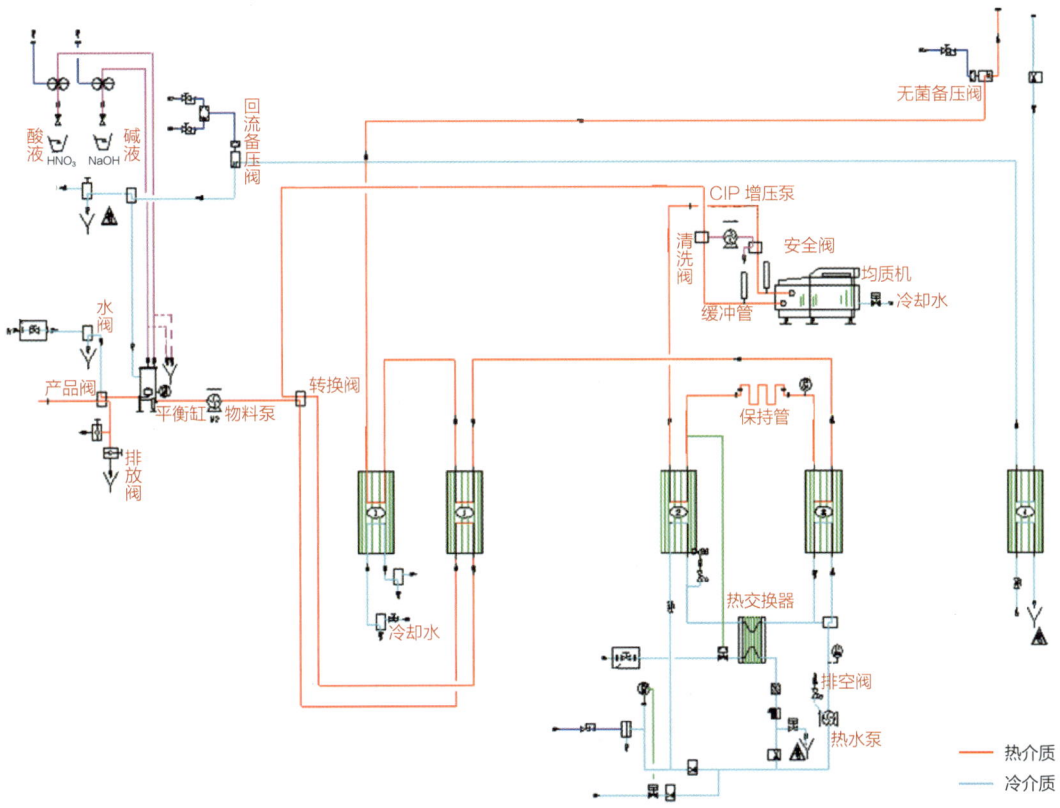

图2-38 开机准备工艺流程

二、管道灭菌

(一)管道灭菌目的

管道灭菌要求所有管路达到无菌要求,从杀菌段、充填段、冷却段、充填机管线、回流段必须达到灭菌温度和时间要求,以保证灭菌状态。

(二)管道灭菌步骤

(1)主菜单下选择"操作菜单"图标,然后选择"升温消毒"图标并在5s内选择"确认"开始升温。

(2)升温正常后与灌装工沟通,确定杀菌设备进料信号时间。

(3)根据报警提示调整热水阀,使热水循环系统的流量达到设定要求。

(4)时刻关注升温过程中的关键限值:灭菌温度。

(5)杀菌结束后通过三步冷却使各段产品管路温度达到设定的温度。

分步冷却是为了保障设备平稳降温,不会破坏无菌状态,杀菌设备进入无菌状态,等待随时进入物料。无菌状态主要是指保持管到回流段均处在无菌状态。

管道灭菌工艺流程图如图2-39所示。

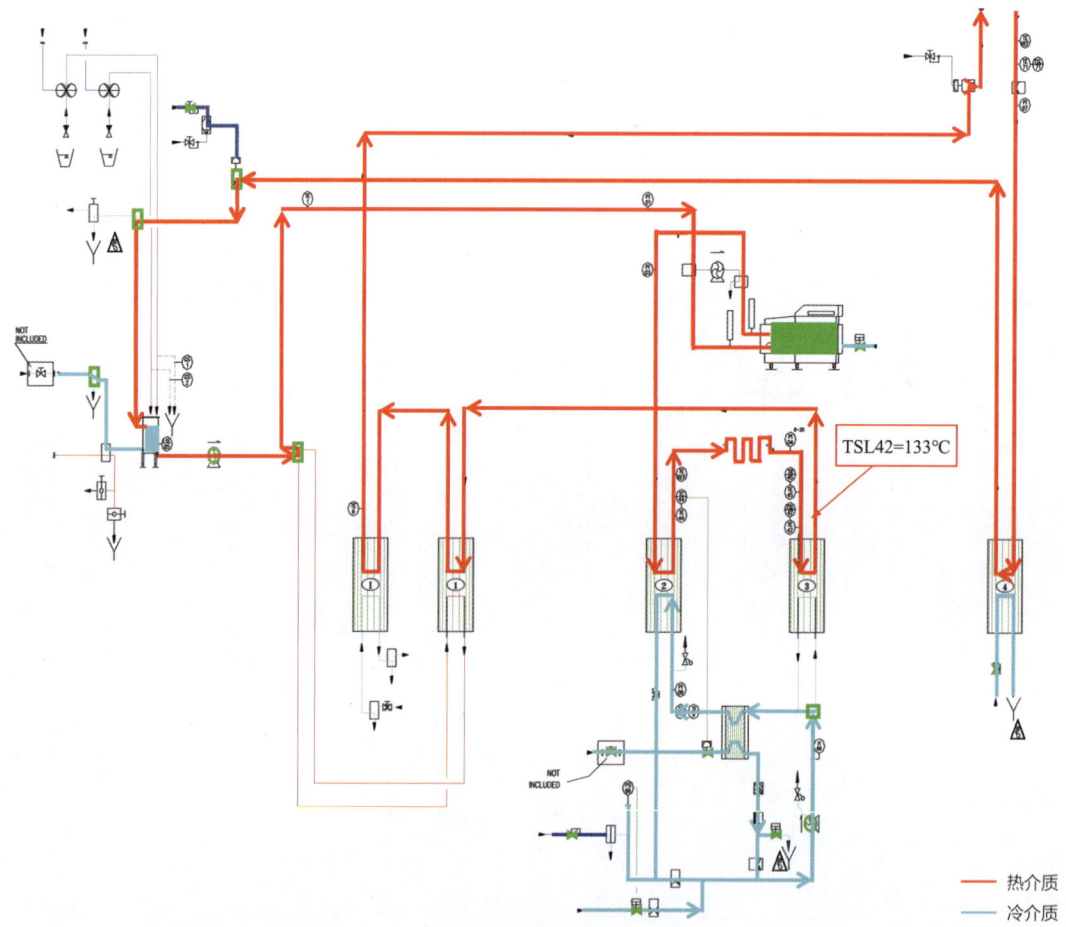

图2-39 管道灭菌工艺流程

三、料顶水

(一)料顶水目的

料顶水时水的流动路线为:平衡桶出口→杀菌段→充填段→充填桶上方管路→冷却段→杀菌机回流排放阀→排放。料顶水的主要目的是在物料牛乳进入杀菌设备前,排出管道中的水，避免水与牛乳物料混合。

（二）料顶水步骤

（1）单击菜单页面，打开排放阀，开启物料泵。

（2）当排放阀有牛乳物料流出时，关闭排放阀，若物料出来不关闭排放阀，物料会排入地沟造成浪费。

（3）流量计数据归零，流量计不清零就看不到实际生产产量数据。

料顶水工艺流程图如图2-40所示。

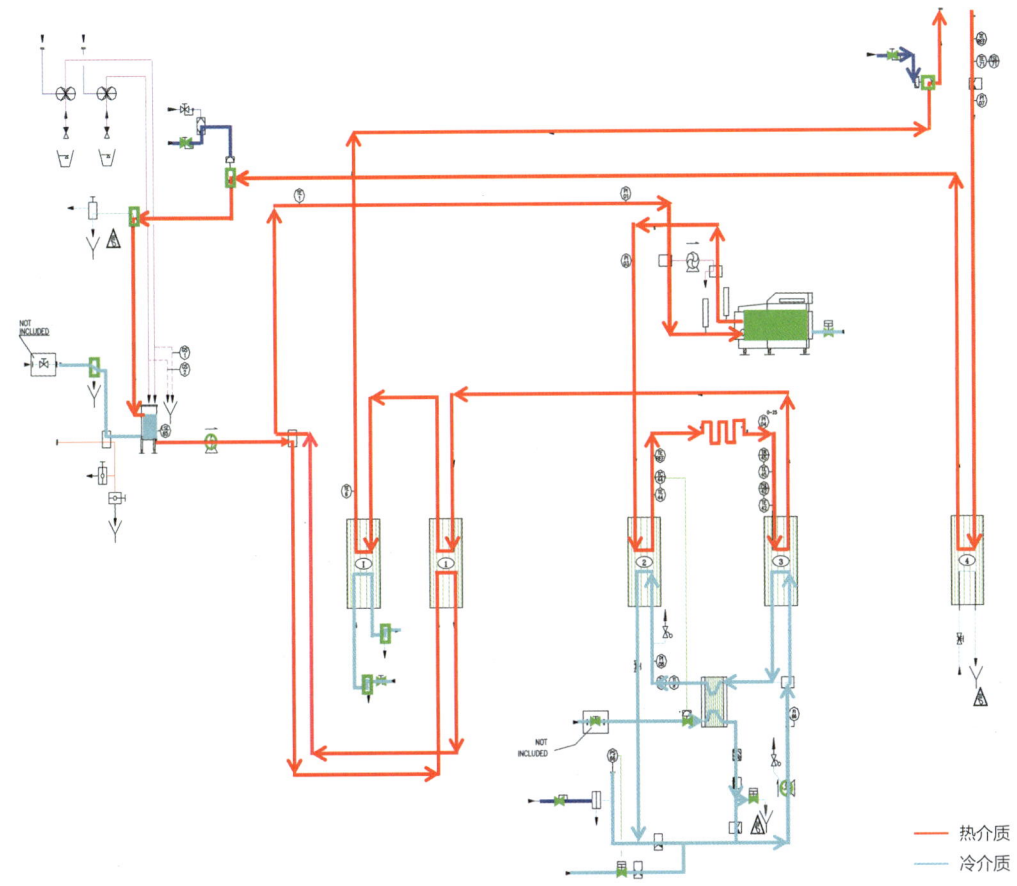

图2-40 料顶水工艺流程

活动二 物料杀菌

一、物料杀菌

（一）物料杀菌目的

物料杀菌工序流程包括：物料泵入杀菌设备平衡罐 → 均质 → UHT灭菌 → 冷却。产品从平衡罐泵入，预热到均质温度70℃，再加热至90℃，进行乳蛋白质的稳定，然后超高温杀菌137℃、保温4s。物料杀菌的主要目的是杀死所有微生物，包括致病微生物、耐热细菌及芽孢，保证保质期内的食用安全。

（二）物料杀菌步骤

（1）检查视窗中是否显示灌装机准备好的标志（图标显示为蓝绿色），确认灌装机、回收奶缸已准备就绪，检查均质机压力是否启动和冷却水是否正常。

（2）选择"操作菜单"然后选择"生产"并在5s内按"确认"图标。

（3）确认开始生产操作，产品开始进入管路，水被排地。

（4）当管路中只有产品时，将有信号发送至灌装机，自动启动灌装机进入生产模式即开始生产，视窗中灌装机图标将显示绿色。

（5）生产过程中应对设备做认真仔细的巡视，以确保生产正常进行，每隔半小时记录一次各压力表、温度表的读数。

物料杀菌工艺流程图如图2-41所示。

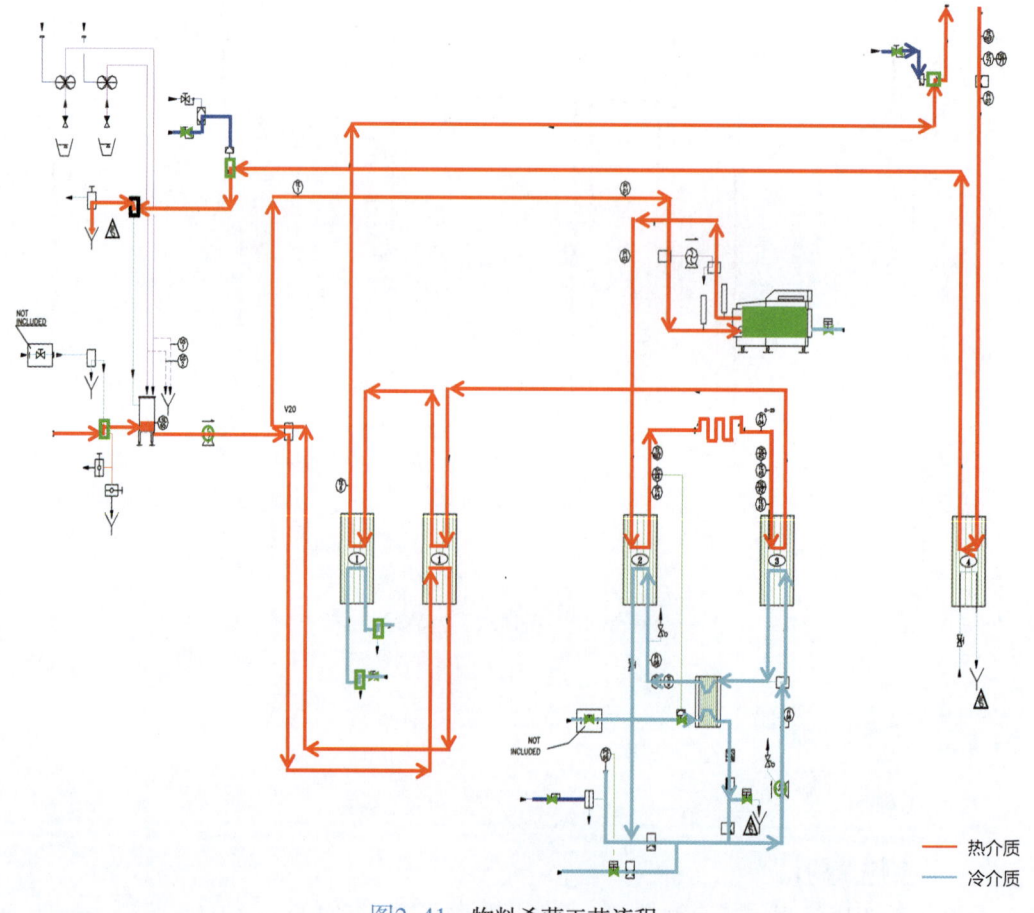

图2-41 物料杀菌工艺流程

二、生产结束

生产任务结束后，停止供料，记录流量计的生产数据，并及时通知灌装操作工、上报产量及流量计液位。然后，到清洗站填写好管道或缸的清洗申请单。系统将自动水顶，水顶后会回到无菌水循环待机状态。后续可以降温结束生产，也可以换品种继续生产。正常情况下，生产结束后应立即选择CIP。CIP结束后回至停机位置，如不继续进行生产必须关闭净化水泵、压缩空气、蒸汽。

生产结束工艺流程图如图2-42所示。

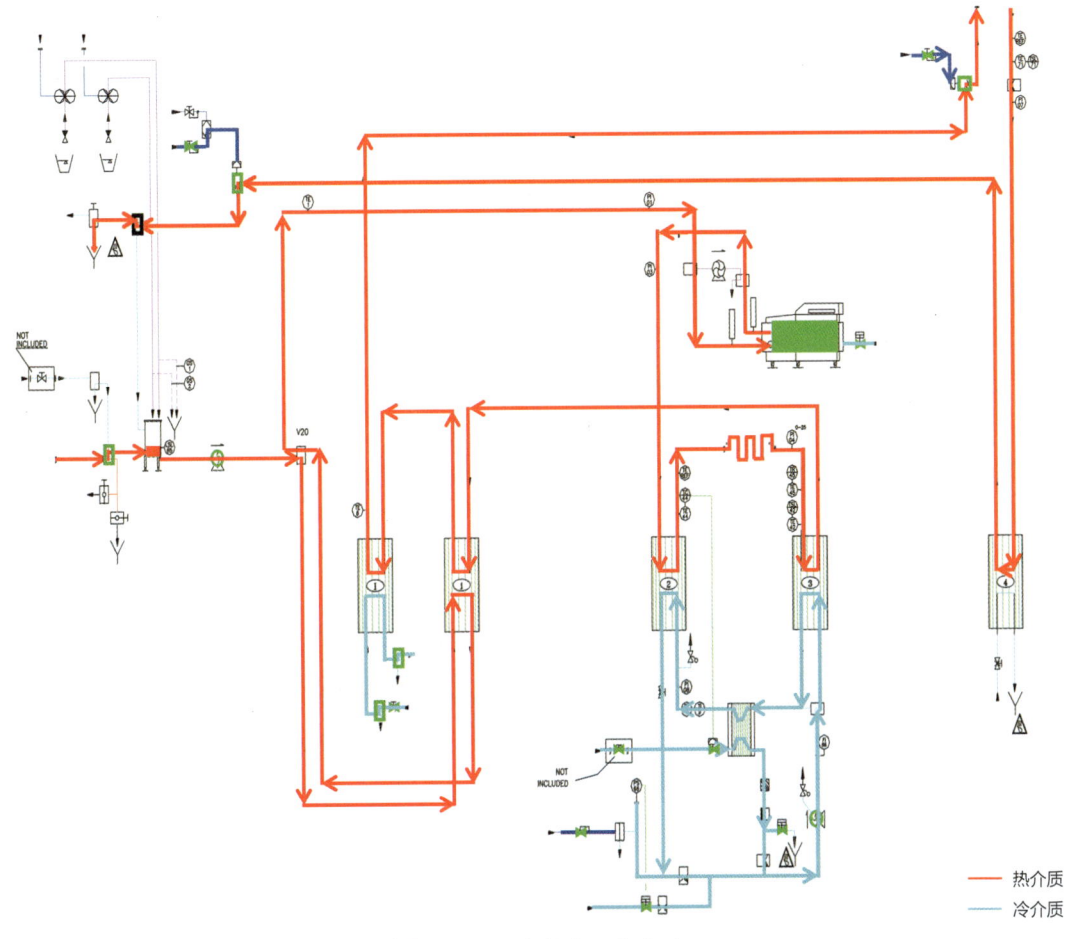

图2-42　生产结束工艺流程

任务评价

请根据表2-18中的评价内容与标准，针对任务实施中的表现，完成评价任务。

表2-18　任务评价表

评价项目	评价内容与标准	评价结果
知识目标	能概述热杀菌的概念和管式杀菌设备工作原理	是□ 否□
	能说出乳制品企业常见的牛乳热杀菌的工艺参数	是□ 否□
	能说出杀菌异常处理措施	是□ 否□
能力目标	能完成杀菌开机准备工作	是□ 否□
	能完成管道灭菌操作	是□ 否□
	能完成料顶水操作	是□ 否□
	能完成物料杀菌操作	是□ 否□
	能完成生产结束工作	是□ 否□
素养目标	能在杀菌操作过程中做到安全与规范	是□ 否□

职场故事

改善行动永远在路上

杀菌工序是乳制品加工过程中非常重要的关键工序，企业为了保证成本、质量，同时也为了保持杀菌设备高效运转，会成立专门的团队或者小组，本着精益求精，向着"零事故、零缺陷、零短停、零故障、零损失"去努力，从各个方面去改善工艺和控制、设备等，保证企业的生产管理水平持续提高。某乳制品企业生产部根据损失统计，发现第一大损失就是牛乳物料，如图2-43所示，于是成立了"牛乳损失降低小组"。

小组对整个杀菌过程进行研究，找到了损失点，主要损失点就是料顶水和水顶料步骤，接下来就是对损失点进行改善，如图2-44所示。

"牛乳损失降低小组"对每一处有可能损失牛乳的地方拍摄视频，反复研究，根据排地牛乳含量的变化，决定采样时间点和采样数量，并检测采样指标。再根据得到的指标，

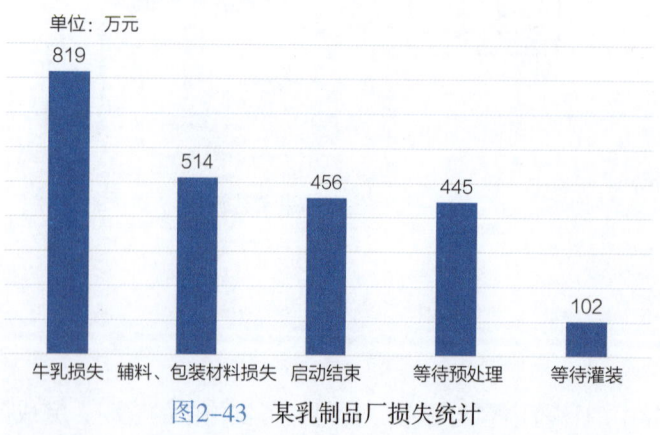

图2-43　某乳制品厂损失统计

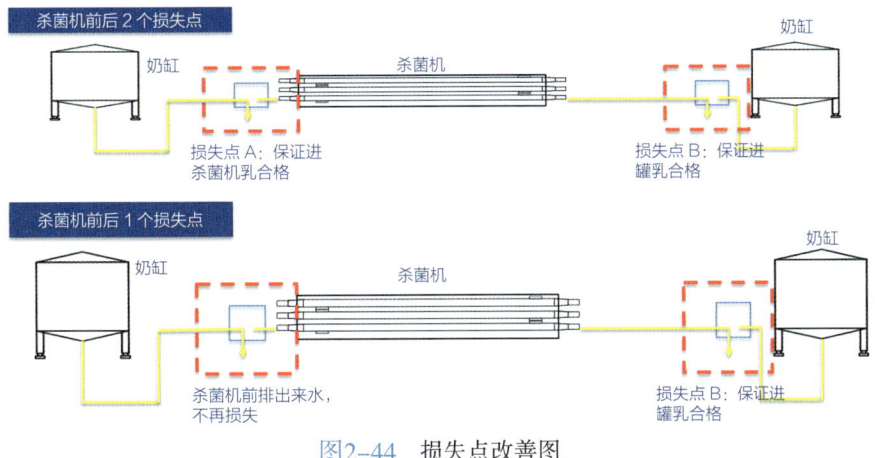

图2-44 损失点改善图

改善实施表			
改善主题	UHT3#料顶水排乳改善	改善日期	2021/04/05
之前 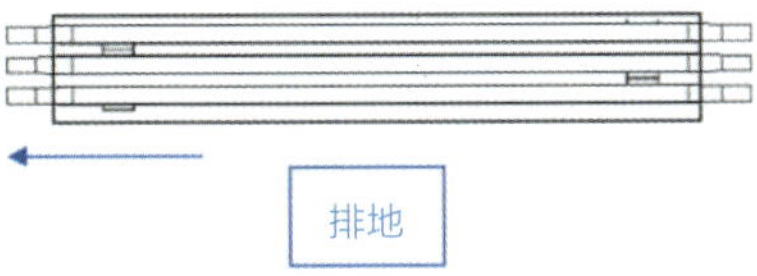		之后 	
	排地		回收降级使用
问题	UHT3#进料时指标较低的排地	改善收益	300kg/d
改善对策	制定工序奶回收标准，将指标较低的回收利用	改善人员	吕东宾	改善部位	UHT3#料顶排地

图2-45 某乳制品企业改善实施表

对料顶水和水顶料时间进行优化调整持续改进，保证蛋白质指标较高且合格的牛乳不会排地，如图2-45所示，大大节约了牛乳物料。

杀菌过程中牛乳物料损失降低的改善活动，只是这家百年乳制品企业的日常质量改善行动，2010年该企业开始导入世界级质量管理体系，十几年来，共成立质量改善小组558个，员工组织研究改善方案8000余件。在乳源、技术、工艺、冷链和服务的全产业链管理上保障乳制品品质，一杯牛乳从牧场到达消费者手中，需要经过808～1581个质控点，全方位把关新鲜与品质，企业推行可操作、可量化的千分质量安全审核系统，十年磨一剑，最终获得TPM世界级奖项，从中国制造迈向世界级制造的舞台。

思考练习

1. 完成牛乳杀菌工作记录，填写表2-19。

表2-19　牛乳杀菌工作记录表

日期：＿＿＿年＿＿月＿＿日　　　　班次：＿＿＿＿　　编号：＿＿＿＿

热杀菌（CCP）	工艺要求：灭菌温度（137±2）℃　　均质温度65~85℃　　均质压力20~25MPa 出口温度18~26℃　　灭菌时间4~6s Δt=热水温度-杀菌温度（要求Δt≤8℃）										
	运行时间	平衡缸温度/℃	热水温度/℃	灭菌温度/℃	Δt/℃	保温温度/℃	出口温度/℃	灌装回流温度/℃	均质温度/℃	流量/（L/h）	均质压力/MPa	操作员
备注												

2. 请思考是否杀菌程度越强烈，杀菌效果越好？

3. 想一想，料顶水后、物料杀菌前为什么流量计要进行归零操作？

4. 想一想，物料杀菌结束后杀菌设备能否立刻关机？

5. 请思考如何进行热杀菌工序的质量管控？

6. 请思考如何在保证产品质量的前提下，有效地利用资源，避免资源浪费，写出你的建议。

任务四　包装完整性检查

学习目标

1. 能说出包装完整性检查的概念。
2. 能概述乳制品企业包装完整性检查的项目和方法。
3. 能规范完成超高温灭菌乳产品的包装完整性检查。
4. 能严格把控检查结果，逐步建立食品安全与质量意识。

任务描述

乳制品灌装后需要进行包装完整性检查，以确保产品在保质期内质量稳定，符合食品安全要求。本次学习任务是：以超高温灭菌乳为例，进行包装完整性检查，要求对超高温灭菌乳产品包装进行密封性检查及包材完整性检查，并做好相应的工作记录。

知识准备

一、包装完整性检查概念

牛乳是大自然赐予人类最好的食物，也是微生物生长繁殖理想的培养基，超高温灭菌乳能在常温条件下保存180d，很多人怀疑牛乳中添加了防腐剂。其实不然，超高温灭菌乳产品能够常温长期保藏的关键在于完整、密封的包装。乳制品企业通常采用包装完整性检查以监控包装的质量及灌装机的生产表现。包装完整性检查是由密封性检查和包材完整性检查组成的系统检查项目，如图2-46所示。

完整的包装可以对包装内容物进行有效保护，使其在常温下也能长时间保鲜，包装破损常会引起坏包，明显泄漏的包装是很容易检出的，而细微的包装瑕疵只有通过包装完整性检查方法才能有效地检出。

二、包材组成

超高温灭菌乳产品使用的无菌包装材料是由多层材料复合而成，复合材料的不同组合决定了包装材料的不同用途，它们的共性是所有包装材料都含有纸层、铝箔层和一系列聚乙烯层。纸层可以给包装起到结构支持的作用，同时可以在上面印刷图案等客户信息；铝箔层是氧气和光线的主要阻挡层，它同时保护产品的风味不外泄；聚乙烯层可以起到黏合剂的作用，将各复合层黏接在一起，也可以在液面下形成横封，外层聚乙烯有保护包装免受外界湿气侵入的功能。

复合包材一般由六层材料复合而成，如图2-47所示，每层材料各司其职，缺一不可。

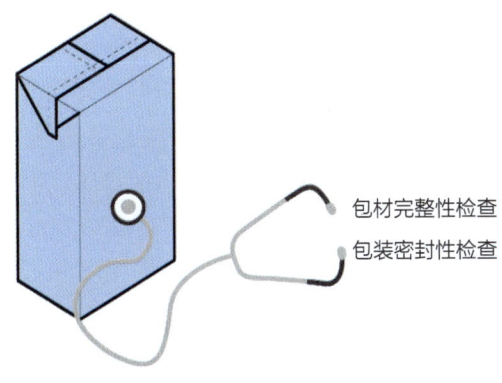

图2-46 包装完整性检查

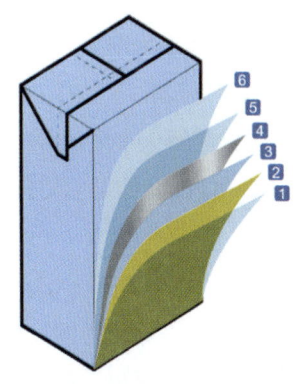

图2-47 复合包装六层材料示意图
1，3，5，6—聚乙烯层 2—纸层 4—铝箔层

三、包装术语

（一）纵封

纵封（LS）即纵向封口。产品灌装前将包材形成一个圆筒，接缝处贴上纵封贴条，通过加热器热封，形成密封的圆筒，这条纵向封口称为纵封，如图2-48所示。

（二）横封

横封（TS）即横向封口。切刀将纵封好的圆筒纸管切成一段一段。每段纸管经过一对夹爪，热封后形成两道横封，一道为包装的底部横封，另一道为包装的顶部横封，如图2-49所示。

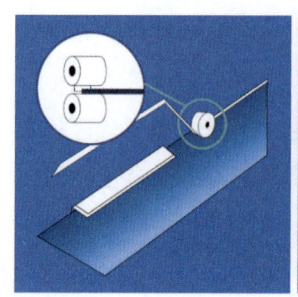
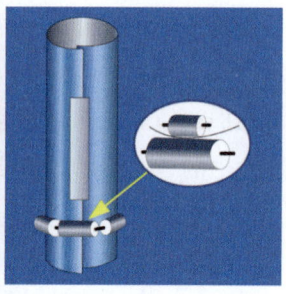

图2-48　纵封示意图

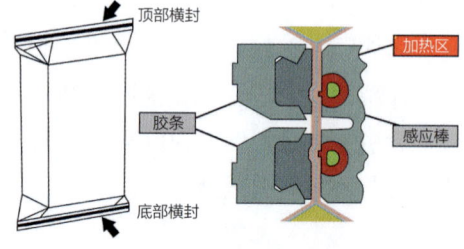

图2-49　横封示意图

四、检查方法

包装完整性检查包含以下主要检查方法，称量法称量包装重量；目测法观察包装形状和折痕线、图案、日期打印、包材表面是否有刮伤等；横封撕拉试验、纵封撕拉试验、纵封注射试验检查评估包装封合质量；划痕检查、电导试验、红墨水渗透试验检查包材是否完整。

电导试验是通过对包材导电性能检测，以验证包装内层聚乙烯是否完整的快速检测方法，用以确定灌装设备是否能生产良好的密封包装。如果电导试验阳性，须抽取更多的包装做红墨水渗透试验，进一步检查。电导试验检测方法若与检测结果相矛盾，则以红墨水渗透试验检测结果为准。

红墨水渗透试验是利用红墨水的渗透性检查包装内可能出现的细小裂缝和针孔的方法。红墨水是以异丙醇为主要成分的一种溶液，具有较强的渗透性，可以模拟微生物穿透包材进入包装的渗透情况。如果包装有泄漏，用红墨水渗透试验可肉眼检查出泄漏点的具体位置。

五、检测周期

以双夹爪灌装系统为例，要选择两个连续的包装取样。在每一个包上做好记号，标明取样夹爪。在开启灌装设备时以及包材拼接后都必须取样，另外，在生产中每隔一段时间也要随机取样重复检查。

开机或拼接包材时取连续24包，连续6包做横封撕拉试验，连续6包先做电导试验后做红墨水染色试验，连续6包做纵封注射试验，连续6包做纵封撕拉试验。

生产中每隔15min，取6个连续的包装，连续2包做横封撕拉试验，连续2包做纵封注射试验，连续2包做纵封撕拉试验。每隔1h取6个连续的包装，先做电导试验，后做红墨水渗透试验。

▷ 任务实施

⚠ 安全提示

包装完整性检查任务实施过程中，请注意使用横封钳、剪刀、注射器的操作安全，如图2-50所示，避免机械伤害发生。

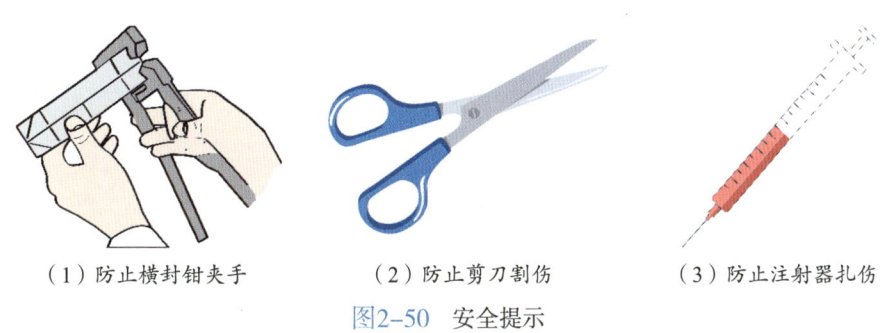

（1）防止横封钳夹手　　（2）防止剪刀割伤　　（3）防止注射器扎伤

图2-50　安全提示

活动一 密封性检查

首先，观察包装外形是否端正无损、观察打印日期是否正确、称重单个产品。然后，进行密封性检查和包材完整性检查。

一、横封撕拉试验

（一）准备工作

首先，进行粗略检查，将包装的边角和底角打开，用手轻挤展开包装，检查横封的密闭性，如果有产品泄漏，说明横封不良。横封样品准备步骤如图2-51所示。将准备好的横封样品清洗，并用压缩空气吹干。

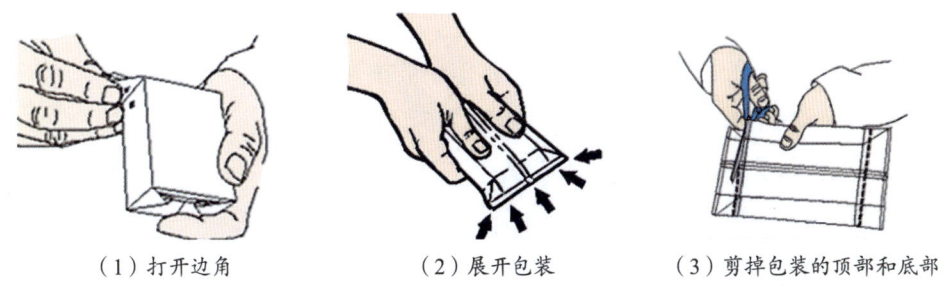

（1）打开边角　　　　（2）展开包装　　　（3）剪掉包装的顶部和底部

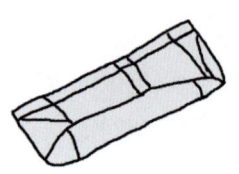
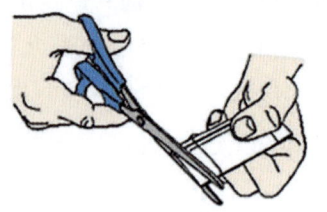
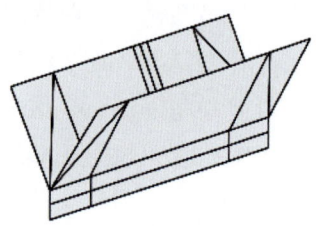

（4）距离顶/底部折痕线　　　（5）横封垂直方向两侧向内1mm　　　（6）完成横封样品
　　25～30mm处　　　　　　　　　处剪掉

图2-51　横封样品准备步骤图

（二）横封撕拉检查

1．手指初检

用指甲划过横封处，如图2-52所示，检查是否有塑料块或凸起。有塑料块和凸起说明封合不好。

2．横封撕拉

将横封样品放在横封钳中，用横封钳将横封缓慢均匀地拉开，如图2-53所示。

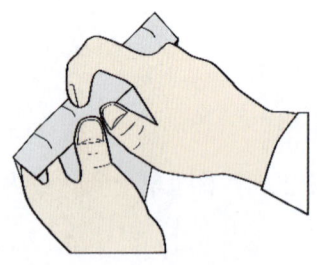
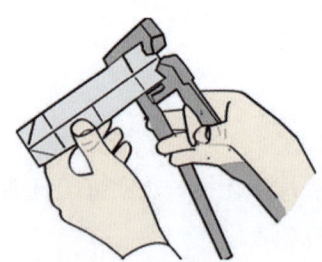
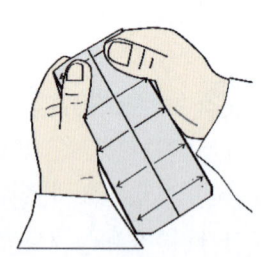

　　　　　　　　　　　　　　　（1）横封钳缓慢拉开横封　　（2）撕开检查

图2-52　手指初检　　　　　　　图2-53　横封撕拉

（三）横封撕拉结果评估

好的横封封合，其强度应大于包材复合层强度。如下情况均可判定横封封合合格，如图2-54所示。

（1）包材内表层塑料层被拉开，而横封没有被拉开。

（2）包材的塑料层内部破裂，铝箔可以看见。

（3）封合没有被拉开，内表层塑料层，铝箔层被拉开，露出了纸层。

如下情况均可判定横封封合不合格，如图2-55所示。

（1）密封时塑料层在横封内被挤压成块。

（2）阻断的密封。

（3）PE膜和/或包材没有破裂，密封比包材弱。

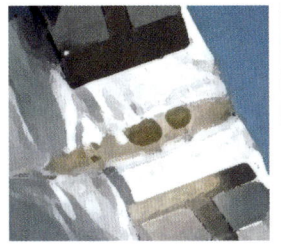  

（1）横封没有被拉开　　　　（2）铝箔可以看见　　　　（3）露出了纸层

图2-54　横封封合合格

（1）塑料层被挤压成块　　　（2）阻断的密封　　　　（3）密封比包材弱

图2-55　横封封合不合格

二、纵封撕拉试验

（一）准备工作

（1）打开样包各个折角，剪掉顶部和底部对称的两个角，倒出产品，沿着对角线剪开，如图2-56（1）所示。

（2）撕开横封，将样包冲洗干净并晾干，如图2-56（2）所示。

（二）纵封撕拉

（1）将样包沿纵封中缝处剪开，如图2-57（1）所示。

（2）将样包外表面纵封处重叠的一层包材撕掉，在纵封横封交接处，沿纵封方向剪开一个切角，露出密封带。

（3）将密封带与纵封以90°夹角慢慢拉开，如图2-57（2）所示。注意在折痕处要更

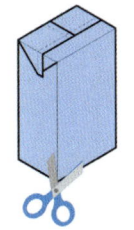 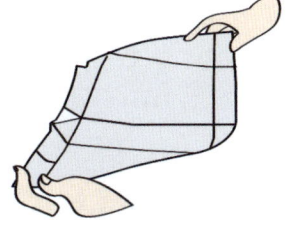 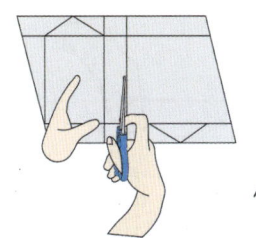 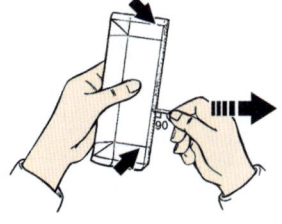

（1）沿对角线剪开　　（2）样包冲洗干净并晾干　　　（1）沿纵封中缝处剪开　　（2）纵封撕拉

图2-56　纵封样品准备步骤图　　　　　　　图2-57　纵封撕拉

慢，如果密封条断裂，重新剪开一个切角，沿整个纵封边继续撕拉，直到完全撕开。

（三）纵封撕拉结果评估

如下情况均可判断纵封封合合格：

（1）两个内涂层之一与密封带一同剥落，沿密封留下破裂边。

（2）两个内涂层与密封带一同剥落，露出铝箔层。

（3）铝箔与密封带一同剥落，露出纸板纤维层。

如果密封带与包装内涂层剥离，未使包装内涂层受影响，说明密封有缺陷。

三、纵封注射试验

（一）准备工作

（1）准备一把剪刀、一支注射器。尽量选择针头更细的注射器。

（2）配制红墨水渗透液 称取1.5g粉状露丹明粉，将露丹明粉溶入1L异丙醇中，充分搅拌然后沉降一个晚上。将静置一夜的溶液过滤，即可得到红墨水渗透液。

（3）样包制备 如图2-56所示剪开产品包装，倒掉内容物，清洗干净，只保留带有纵封的一面，将表面吹干，剪去上、下横封中任一部分，留剩余部分进行检测。

（二）纵封注射

使用注射器吸取一定量红墨水渗透液后，将注射器的针头小心插入纵封，轻推注射器，将渗透液缓慢的沿气隙向前推；在渗透液贯穿气隙上下后，进行观察，如图2-58所示。

（三）纵封注射试验结果评估

以渗透液能否渗透到内表面纵封（PPP条）以外来进行判断：

（1）若渗透液渗透到内表面纵封（PPP条）范围之外，则包装完整性有缺陷。

（2）若渗透液没有偏离内表面气隙之外，则检测部位的包装完整性良好，须同时结合在线检测中的LS评估。

纵封注射试验重点检查纵、横封交界处及上下折痕线处是否有侧漏发生，以确定灌装设备是否能生产良好的密封包装。

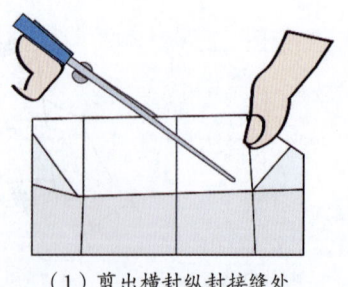 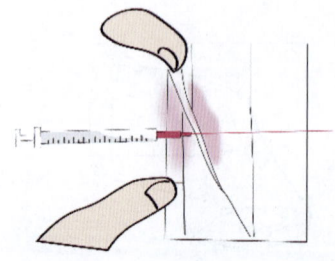

（1）剪出横封纵封接缝处　　（2）小心插入纵封，轻推注射器

图2-58　纵封注射

活动二 包材完整性检查

一、电导试验

（一）准备工作

1．准备用具和溶液

准备一把剪刀，配置浓度1.0%左右的盐水（NaCl），准备一个带有两个探头的微安计。

2．样包制备

沿平行于顶部与底部的中线剪开，形成纵封的一面不剪破，如图2-59所示。将产品倒掉，冲洗干净。

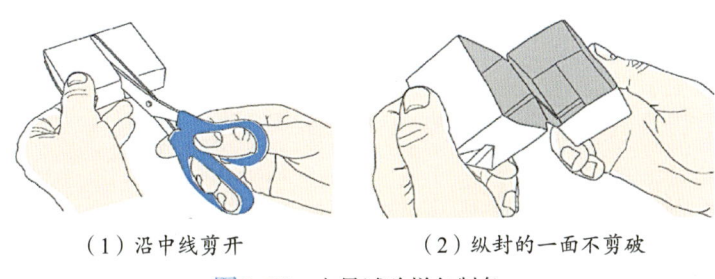

（1）沿中线剪开　　　　（2）纵封的一面不剪破

图2-59　电导试验样包制备

3．检查仪器

将微安计的两个探头插入盐水溶液中，如图2-60所示，观察指针是否摆动，摆动表明仪器正常。

（二）电导检测

将样包内部加入1.0%的盐水，盐水注入高度以不超过切面距底面高度的1/2为准；放入盛有1.0%盐水的容器中，使用微安计探针分别插入样包内外的盐水溶液中，注意探针不能接触包材内壁，如图2-61所示，观察指针是否有转动。

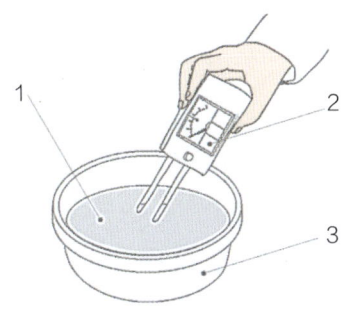

图2-60　检查仪器
1—盐水溶液　2—微安计　3—盛装容器

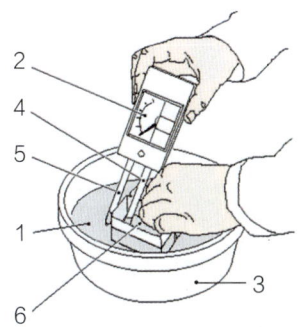

图2-61　样包电导检测
1—盐水溶液　2—微安计　3—盛装容器
4—阴极　5—阳极　6—样包中盐水

（三）电导试验结果评估

以微安计的指针是否有转动为判断标准，微安计的指针转动，则包材完整性有缺陷；微安计的指针不转动则说明检测部位包材完整性良好，如图2-62所示。

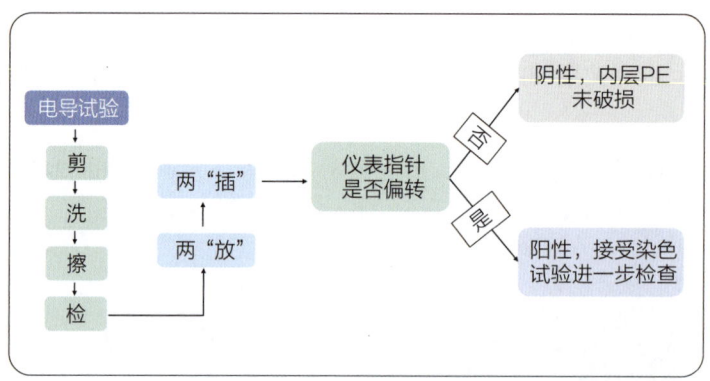

图2-62　电导试验结果评估

（四）电导试验法与红墨水渗透法

电导试验法是通过对包材导电性能检测，以验证包装内层聚乙烯是否完整的快速检测方法，用以确定灌装设备是否能生产良好的密封包装。如果电导试验阳性，须抽取更多的包装做红墨水渗透试验，进一步检查。电导试验检测方法若与检测结果相矛盾，则以红墨水渗透试验检测结果为准。

电导试验注意事项如图2-63所示。

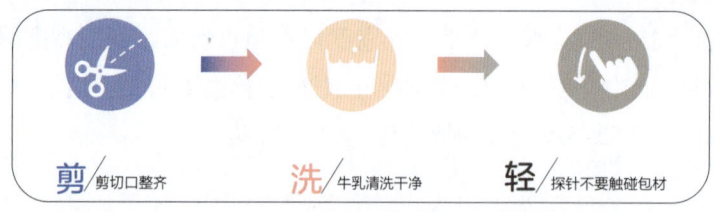

图2-63　电导试验注意事项

二、红墨水渗透试验

（一）准备工作

1. 准备工具和溶液

剪刀一把、吹风气枪一支、红墨水渗透液。

2. 制备样包

制备样包裁剪方法与电导试验相同，将包装内产品倒掉，冲洗干净，使用气枪吹干包装盒内表面的水分。

(二)红墨水染色

将红墨水渗透液倒入样包,以浸没包装盒下部各折角为准,红墨水在包装中保持至少5min,然后用移液管将多余的红墨水吸干,用干纸巾将样包内擦干净或在通风处吹干。小心地把样包纸板层撕开,尤其折角部分,观察记录,如图2-64所示。

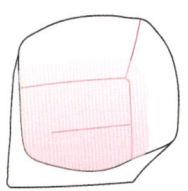 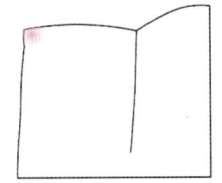 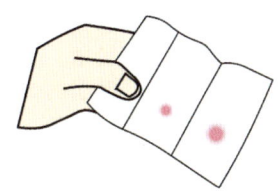

(1)红墨水染色　　　(2)角落有渗透点,包　　　(3)外层斑点比内层大,包材
　　　　　　　　　　　　才有缺陷　　　　　　　　　　　无缺陷

图2-64　红墨水染色

(三)红墨水渗透试验结果评估

以铝箔层是否破损为判断标准,如图2-64所示。

(1)重点检查包装角落,TS及交叉处是否有红墨水泄漏形成的斑点,若纸板层有渗透液渗入的痕迹,则包装完整性有缺陷。

(2)若纸板层无渗透液渗入的痕迹,则可说明检查的部位包装完整性良好。

如果外层的红色斑点比内层的大,说明墨水是从包装的外层渗入内层的,这不是包装完整性缺陷。

任务评价

请根据表2-20中的评价内容与标准,针对任务实施中的表现,完成评价任务。

表2-20　任务评价表

评价项目	评价内容与标准	评价结果
知识目标	能说出包装完整性检查的概念	是□ 否□
	能概述包装完整性检查包含的检查项目和方法	是□ 否□
	能说出无菌复合包装材料的组成	是□ 否□
	能说出电导试验和红墨水渗透试验的检测意义	是□ 否□
能力目标	能完成密封性检查的横封撕拉检查	是□ 否□
	能完成密封性检查的纵封撕拉检查	是□ 否□
	能完成密封性检查的纵封注射评估试验	是□ 否□
	能利用电导试验完成包材完整性检查	是□ 否□
	能利用红墨水渗透试验完成包材完整性检查	是□ 否□
素养目标	养成严格按照操作规程操作的习惯	是□ 否□
	能严格把控检查结果,具备食品安全与质量意识	是□ 否□

📄 职场故事

瓶盖和一桩婚姻的故事

某乳制品企业出品了一款新产品"YZYZ",市场反馈良好,备受年轻人的喜爱,有时甚至超市会销售一空,一箱难求。突然有一天企业接到一位女顾客的电话投诉,电话那端的女顾客火气冲天,自称一个瓶盖差点毁掉一桩婚姻。女顾客拧不开"YZYZ"的瓶盖,请自己的先生帮忙拧,很遗憾,男士也拧不开,于是这对夫妻开始互相嘲讽,吵架不断升级,竟然闹到了民政局打离婚,幸亏好心人提醒才幡然醒悟一致对外,投诉乳制品企业。

乳制品企业接到投诉后立即召开紧急会议,发现此次投诉反映的问题是新产品瓶盖开启扭矩值过大,导致消费者开启困难。质量部经理说:"瓶盖开启扭矩值是指旋开瓶盖所需的扭矩大小,是表征瓶盖开启难易程度的物理量。扭矩值太大不便消费者开启,而过低又会带来产品瓶口密封性差,产品外渗、发生质变等问题。"市场部经理说:"是啊,开启扭矩值的大小,对容器类包装产品的储运以及最终消费等环节都有重要影响,看来咱们还需要重新调整瓶盖扭矩值,才能实现产品与市场和谐。"

说干就干,质量经理带领技术人员设计实验方案,实验人员在实验室标准环境下,将样品瓶放在夹具上,夹紧,设置"开启扭矩"模式,点击"开始试验",将手放在瓶盖处,拧开瓶盖,检测出开启扭矩值,记录数值,经过多次反复实验,重新调整了瓶盖扭矩值,实验人员又开始忙碌产品储存实验,验证瓶盖扭矩值调整后的产品保质期。经过无数次的扭矩实验和贮藏实验,如图2-65和图2-66所示,终于重新确定了瓶盖开启扭矩值,通知生产部门,调整生产参数,开始批量生产"YZYZ",重返市场。终于消费者满意啦,乳制品厂厂长感慨:"由衷感谢消费者投诉,我们的产品更上一层楼啦!"

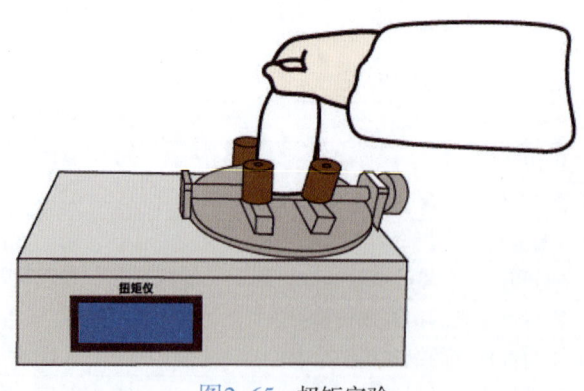

图2-65 扭矩实验

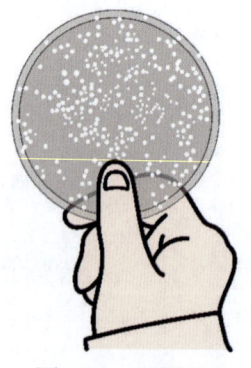

图2-66 贮藏实验

📝 思考练习

1. 根据包装完整性检查结果,填写表2-21。

表2-21　包装完整性检查记录表

包装完整性检查记录											
品名规格									生产日期		
检测时间	非破坏性检查			破坏性检查						样品评估	
^	产品称重	外形和折痕线	日期和图案	密封性检查			包材完整性检查			^	
^	^	^	^	横封撕拉试验	纵封撕拉试验	纵封注射试验	划痕检查	电导试验	红墨水渗透试验	^	

2. 为什么双夹爪灌装系统在进行包装完整性检查时，取样一定要取连续两包？
3. 包装完整性检查时电导试验的意义是什么？
4. 当电导试验和红墨水渗透试验结果冲突时，如何进行结果评估？

任务五　设备清洗消毒

学习目标

1. 能概述原位清洗的定义和步骤。
2. 会验证酸碱清洗液浓度。
3. 能按完成CIP操作并填写设备清洗消毒工作记录。
4. 能使用三磷酸腺苷（ATP）涂抹荧光仪器验证清洗效果。
5. 能对酸碱伤害等化学危险进行防护，建立安全生产意识。

📄 任务描述

在乳制品加工生产结束后,要对设备进行彻底的清洗和消毒,防止微生物的大量生长繁殖,保证产品的卫生质量。本次学习任务是:奶槽车的CIP,要求利用CIP设备,对奶槽车按照CIP程序进行水洗、碱洗、酸洗等操作,同时做好清洗记录。

📚 知识准备

一、清洗消毒概念

清洗是指通过物理和化学的方法去除被清洗表面可见和不可见杂质的过程,乳制品生产中污垢类型及清洗方法见表2-22。消毒是指杀死病原微生物、但不一定能杀死细菌芽孢的方法。

表2-22 乳制品生产中污垢类型及清洗方法

污垢类型	污垢性状	清洗特点		清洗方法
		加热前	加热后	
糖类(乳糖)	易溶于水	易清洗	焦糖化,较难清洗	碱洗
蛋白质	难溶于水	较难清洗	蛋白质变性,难清洗	碱洗
脂肪	难溶于水	难清洗	脂肪聚集,难清洗	碱洗
无机物	难溶于水	难清洗	沉淀,难清洗	酸洗

乳制品工厂的绝大多数乳制品设备不能进行拆卸清洗,而采用无需拆卸设备的CIP方法。原位清洗(clean in place,CIP)又称就地清洗、在线清洗,是指设备及整个生产线在无需人工拆开的前提下,在闭合的回路中进行清洗。CIP系统通过自动循环流动的清洗剂,对生产设备的管道、容器、罐等内部表面进行清洗和消毒,以确保设备的卫生和清洁,从而保证产品的安全性。CIP被广泛应用于饮料、乳制品、果汁、酒类等食品生产企业。

二、影响清洗效果的因素

影响清洗效果的五个因素分别是清洗剂、清洗液浓度、清洗时间、清洗温度和清洗流量。

(一)清洗剂

选用不同的清洗剂所达到的清洗效果有所不同。

(二)清洗液浓度

提高清洗液的浓度,可适当缩短清洗时间,降低清洗温度,但是浓度过高会造成清洗费用增加,导致清洗时间延长。

(三)清洗时间

清洗时间受清洗剂种类、清洗液浓度、温度、产品种类、生产管线布置、设备等综合因素的影响。

(四)清洗温度

清洗温度升高会提高化学反应速度,清洗温度一般不低于60℃。

(五)清洗流量

保证清洗液流速,增大清洗液流量,提高冲击力,一般要求清洗流速>1.5m/s(通过流量计测量计算),这样才能达到一定的机械力冲洗效果。

表2-23为某乳制品企业不同情况下生产设备的CIP浓度、温度、时间选择。

表2-23 某乳制品企业不同情况下生产设备的CIP参数

清洗情况	清洗浓度/%	清洗温度/℃	清洗时间/min
菌种缸、发酵缸、稀奶油缸、UHT进奶管和菌种翻缸管道每次使用前	水洗	≥85	≥10
前处理公用设备每周至少进行一次全套清洗程序停产时间超过24h以上的,再次生产前	碱1.5~2.0 酸0.7~1.2	70~85	碱≥10 酸≥5
奶槽车每周进行一次全套清洗程序	碱1.5~2.0 酸0.7~1.2	70~80	碱≥10 酸≥10
奶槽车每天生乳运输结束后,进行一次碱清洗程序	碱1.5~2.0	70~80	碱≥10
所有设备清洗流量≥5.5t/h;冲水后pH6.5~8.5			

三、清洗剂

(一)碱类

碱类清洗剂对含脂肪较高的污物有较好的去除作用。常用的碱类清洗剂有氢氧化钠、碳酸钠、磷酸钠和硅酸钠。其中,氢氧化钠应用最为广泛;正硅酸钠、硅酸钠和磷酸三钠对清洗顽垢很有效。

(二)酸类

通常使用的酸类清洗剂有硝酸、磷酸、氨基磺酸、羟基乙酸、葡萄糖酸、柠檬酸等,其中硝酸应用最为广泛。这些酸在设计的配方中是用来除去碱类清洗剂不能除掉的顽垢。有些乳制品设备只用碱或碱性混合清洗剂来清洗是不能达到最佳效果的,尤其是热处理设备,因此用酸洗是非常必要的。

(三)螯合剂

常用的螯合剂包括三聚磷酸盐、多聚磷酸盐等聚磷酸盐,还有较适合作为弱碱性手工清洗液原料的乙二胺四乙酸（EDTA）及其盐类，葡萄糖酸及其盐类。使用螯合剂的作用就是防止钙、镁盐沉淀在清洗剂中形成不溶性的化合物。

（四）表面活性剂

表面活性剂有阴离子型、非离子型的胶体和阳离子型几种类型。阴离子表面活性剂通常是烷基磺酸钠等；阳离子表面活性剂主要是季铵化合物。阴离子表面活性剂与非离子表面活性剂最适合作为清洗剂。

螯合剂和表面活性剂只在特殊需要时才使用，如清洗用水硬度较高时，可使用螯合剂去除金属离子。

四、清洗剂浓度验证方法

清洗液浓度测定的目的是保证清洗前及清洗循环结束后，清洗液浓度在标准范围之内。

（一）酸清洗液浓度验证

用移液管吸取硝酸溶液10mL置于250mL三角烧杯中，加入20mL蒸馏水和2~3滴0.5%酚酞乙醇溶液，然后用0.1mol/L的NaOH标准溶液滴定至微红色，记下0.1mol/L的NaOH标准溶液所消耗的体积。

计算公式：

$$酸浓度（\%）= V_{NaOH} \times 0.063 \quad (2-1)$$

式中　V_{NaOH}——消耗0.1mol/L NaOH标准溶液的体积，mL。

（二）碱清洗液浓度验证

用移液管吸取碱液20mL置于250mL三角烧杯中，加入20mL蒸馏水和0.04%甲基橙指示剂2~3滴，然后用0.5mol/L的HCl标准溶液滴定，至溶液颜色由黄色转为红色，记下0.5mol/L的HCl标准溶液所消耗的体积。

计算公式：

$$碱浓度（\%）= V_{HCl} \times 0.1 \quad (2-2)$$

式中　V_{HCl}——消耗0.5mol/L的HCl溶液的体积，mL。

五、CIP程序

清洗程序的选择取决于被清洗污物的类型和成分，也取决于被清洗设备的设计，根据清洗设备和管道中是否包括加热设备，清洗程序有所不同，一般可分为两类。

（一）不带热表面的管道、缸和其他加工设备的原位清洗程序

非加热乳制品设备包括奶槽车、贮奶罐、挤奶厅设备等。设备未受到热处理，管路结垢较少，牛乳容易从设备表面除去，可用温水和碱液清洗。其CIP程序为：

（1）清水冲洗3~5min。

（2）75~80℃热碱性洗涤剂循环冲洗10~15min。

（3）清水冲洗3~5min。

（4）建议至少每周用60~70℃酸液循环冲洗一次。

（5）90~95℃热水消毒10min以上。

（二）带有热表面的巴氏杀菌器和其他设备管道的原位清洗程序

在加工过程中，一些设备表面温度可能超过60℃，这些表面称为热表面。这一类设备的清洗过程必须有一个较长时间的酸洗循环阶段，以除去设备及管道热表面蛋白质的沉积焦结物，其CIP程序为：

（1）用清水预冲洗设备及管道约5min。

（2）用75~85℃、1.5%~2.5%碱液（一般用NaOH溶液）循环15~20min。

（3）水冲洗约5min。

（4）用65~75℃、0.8%~1.2%酸溶液（通常用硝酸溶液）循环15~20min。

（5）水冲洗5~8min。

（6）生产前用90℃热水循环15~20min对管路杀菌。

六、清洗标准

乳及乳制品极易受到微生物污染，规范清洗消毒乳制品生产设备及管道极为重要，清洗消毒后的验证评估是有效监测清洗消毒效果的重要环节。

清洗所要达到的清洗标准是指被清洗表面所要达到的清洁程度，有以下四种表示方法。

（一）物理清洁

物理清洁指从被清洗表面上去除了肉眼可见的污垢。物理清洁可能会在被清洗表面上留下化学残留物，但这通常是有意识的行为，以达到阻止微生物在被清洗表面上繁殖的目的。

（二）化学清洁

化学清洁指被清洗表面上不仅去除了肉眼可见的污垢，而且还去除了微小的、通常为肉眼不可见的沉积物。

（三）微生物清洁

微生物清洁指被清洗表面通过消毒，杀死了极大部分附着的细菌和病原菌。微生物清洁通常会伴有物理清洁，但不一定伴有化学清洁。

（四）无菌清洁

无菌清洁指被清洗表面附着的所有的微生物均被杀灭了。

微生物清洁是乳制品生产设备清洁所要达到的标准，达到微生物清洁的前提是物理清洁和化学清洁。

罐体出口、管道接口、密封垫圈、焊接点、表面抛光不佳等处容易残留污垢，需要验证清洗消毒效果。

七、清洗消毒效果验证方法

可采用感官验证评估、微生物方法验证评估、ATP荧光检测技术验证评估。

（一）感官验证评估

1．肉眼检查

在良好光线下检查设备表面。

2．嗅觉检查

嗅闻是否有食物残留及不正常气味。

3．触摸检查

触摸设备表面，检查是否有油污、结垢等。

4．紫外光检查

在340~380nm紫外光照射下观察，如果设备表面有荧光斑点出现，表示还有污垢没有洗净，因为许多盐类在紫外光照射下会辐射出荧光。

（二）微生物方法验证评估

1．菌落总数

按国家标准中的方法进行菌落总数检测，如图2-67所示。

2．特定致病菌/致腐菌

按国家标准中的方法进行致病菌/致腐菌检测。

3．微生物检验程序

表面涂抹→样品悬液→转移→接种→培养→计数→报告结果。

（三）ATP荧光检测技术验证评估

所有生物细胞都含有ATP。ATP荧光检测技术以ATP为检测对象，其基本原理是在ATP的参与下，引发发光反应，从而鉴定和检测ATP的含量，并以此反映微生物和食物残留的量，进而反映设备洁净度，如图2-68所示。

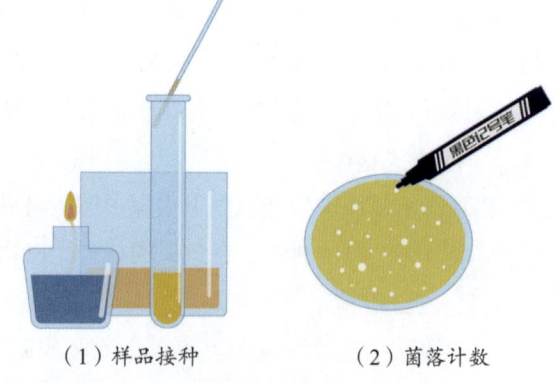

（1）样品接种　　（2）菌落计数

图2-67　菌落总数测定

荧光强度（RLU）──反映→ATP含量──反映→微生物或食物残留量

图2-68　ATP荧光检测原理

ATP荧光检测技术具有ATP特异性，使用荧光素酶将ATP转换为光信号，仪器测量后得到荧光强度，以相对荧光强度（relative light units，RLU）表示。

ATP荧光检测评估需使用ATP荧光检测仪，如图2-69所示，其灵敏度高，在15s可得到线性、可重复的结果，能动态检测清洗各环节步骤，及时发现清洗过程中每个环节存在的问题，以便改进清洗流程，提高设备的清洗质量。

一般的乳制品企业清洗消毒验证指标为pH中性；ATP涂抹数值在规定范围内，目视无可疑物残留。涂抹数值的参考限量，各企业可根据ATP荧光检测仪厂家的建议制定标准，如表2-24所示。

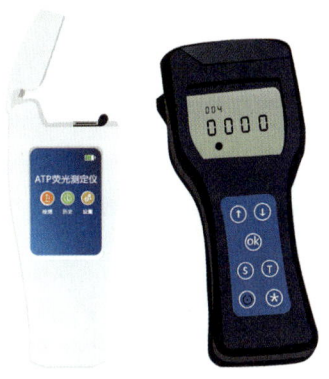

图2-69　ATP荧光检测仪

表2-24　某ATP荧光检测仪厂建议的ATP涂抹数值参考限量

环节类型		合格	警告	不合格
CIP最后冲洗水		<100	100~200	>200
乳制品加工表面		<150	150~300	>300
人员手部	高风险	<250	250~500	>500
	低风险	<500	500~1000	>1000

任务实施

⚠ 安全提示

设备清洗消毒工序存在化学伤害的潜在风险，如表2-25所示，根据（GB 13690—2009）《化学品分类和危险性公示通则》，CIP酸性清洗剂/CIP碱性清洗剂属于国家化学品第2类，可通过皮肤和眼睛、呼吸系统、消化系统三个途径进入人体，对人体造成伤害，如皮肤腐蚀/刺激、严重眼损伤/刺激等。

表2-25　乳制品安全生产CIP清洗作业化学伤害风险及防护

序号	作业步骤	潜在危险	预防措施	应急处置措施
1	清洗前准备	对手工清洗点进行清洗被稀碱烫伤	配备应急喷淋、洗眼器，防酸碱手套，防护围裙，防护面罩，每月对防护用品进行检查保持完好性	立即脱去污染衣物，使用流动的清水冲洗创面，至少冲洗10~20min，送往医院救治
		酸碱罐泄漏导致灼伤		
2	清洗过程	过程监控检查清洗喷淋导致清洗液溅到面部和眼睛里		使用流动的清水冲洗创面，至少冲洗10~20min，若眼部灼伤时注意水压由小到大冲洗，送往医院救治

清洗时应做好安全防护工作，穿戴好防护装备，如图2-70所示。重点防护部位：手、脚、眼睛、躯干、口鼻、脸，切断化学品对人体伤害的三个途径。

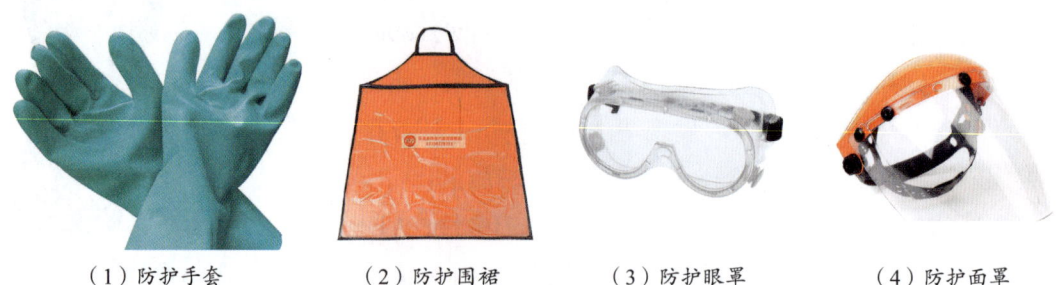

（1）防护手套　　　（2）防护围裙　　　（3）防护眼罩　　　（4）防护面罩

图2-70　乳制品安全生产CIP清洗作业化学伤害防护装备

活动　奶槽车的CIP

一、开机准备

CIP清洗消毒参数的监控

根据CIP系统示意图2-71进行清洗准备工作。

（1）对板式换热系统、进程泵X-VSD01、电源设备、气动阀等进行检查。

（2）检查浓酸罐和浓碱罐中的酸、碱液的浓度。

（3）检查相应设备、电、汽、气无误后，连接CIP管，接好回收管。

（4）分别打开CIP系统（酸罐、碱罐、热水罐）的加水阀X-MV03、X-MV07、X-MV11，加水至溢流口出水关闭。

（5）打开浓酸罐、浓碱罐的半开盖，人工分别添加浓硝酸溶液、片碱，将清洗液的浓度调配至1.5%及2.0%左右。

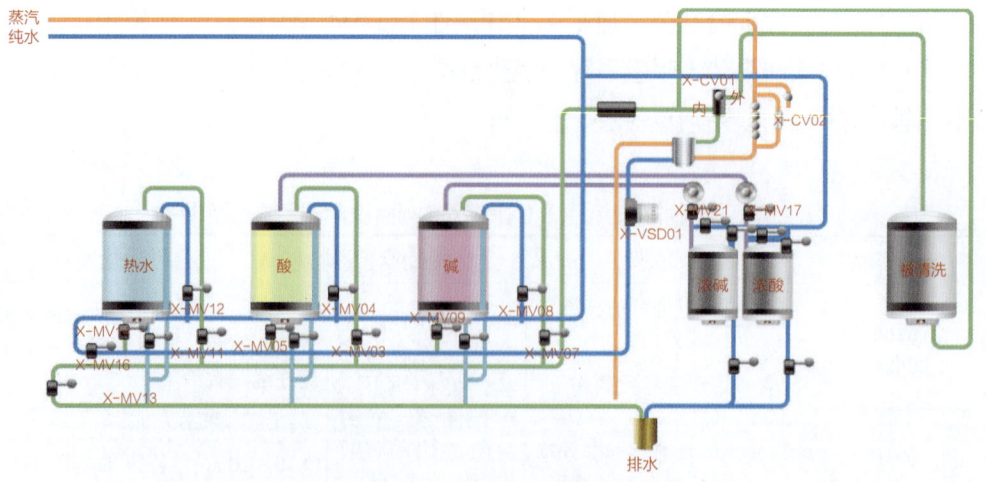

图2-71　CIP系统示意图

（6）打开气动隔膜阀，向酸罐、碱罐内添加浓酸和浓碱，浓度调节至0.8%～1%硝酸、1.2%～1.5%氢氧化钠。

（7）开阀门X-MV12、X-MV14和进程泵X-VSD01，进行热水罐的加热循环；打开蒸汽管路上的截止阀、气动角座阀X-CV02和疏水阀的进出口截止阀。热水罐加热温度到90～95℃后，关闭阀门X-MV12、X-MV14，打开阀门X-MV08、X-MV09。碱罐加热温度到70～80℃后，关闭阀门X-MV09，打开阀门X-MV16将管道中的碱液顶到碱罐，关闭阀门X-MV16、X-MV08，打开阀门X-MV05、X-MV04。酸罐加热温度到70～80℃后，关闭阀门X-MV05，打开阀门X-MV16将管道中的酸液顶到酸罐，关闭阀门X-MV16、X-MV04。关闭气动角座阀X-CV02。

> 注意事项

连接管线时，各管接头应注意是否拧紧，各罐罐盖是否盖严，排地阀是否关闭，并仔细检查所连接管线是否由CIP间出并向CIP间回以构成正确循环回路，同时开启管路中各气动阀。

二、预冲洗

LL型气动换向阀X-CV01通气状态（管道介质内循环）；设置管道摇臂的连接状态，打开各物料罐的CIP清洗阀门。

开阀门X-MV16，进程泵X-VSD01，对各物料罐用水进行冲洗；物料管道液位到达设定液位后，开启回程泵。

达到设定的清洗时间后，关闭进程泵X-VSD01、阀门X-MV16、回程泵等。

三、碱洗

按照清洗要求的时间和温度参数，设置清洗程序，完成碱洗，碱洗包括碱顶水和碱循环两步，管道示意图如图2-72所示。

（1）打开各物料罐上的清洗阀，打开各物料罐上的出料阀与回流泵连通。

（2）打开碱罐出料阀X-MV09、回流排污阀打开CIP离心泵X-VSD01，开始碱顶水，如图2-72（1）所示。

（3）检测到CIP回管路上的电导率增加至稳定，说明碱顶水结束，打开碱罐回流阀X-MV08，关闭回流排污阀，开始碱循环，如图2-72（2）所示。

（4）进行碱循环清洗20min后关闭CIP离心泵X-VSD01和碱罐出料阀X-MV09。

四、水洗

待碱洗结束且碱液完全回到罐内后，进行水洗，水洗包括水顶碱和水冲洗两步，管道示意图如图2-73所示。

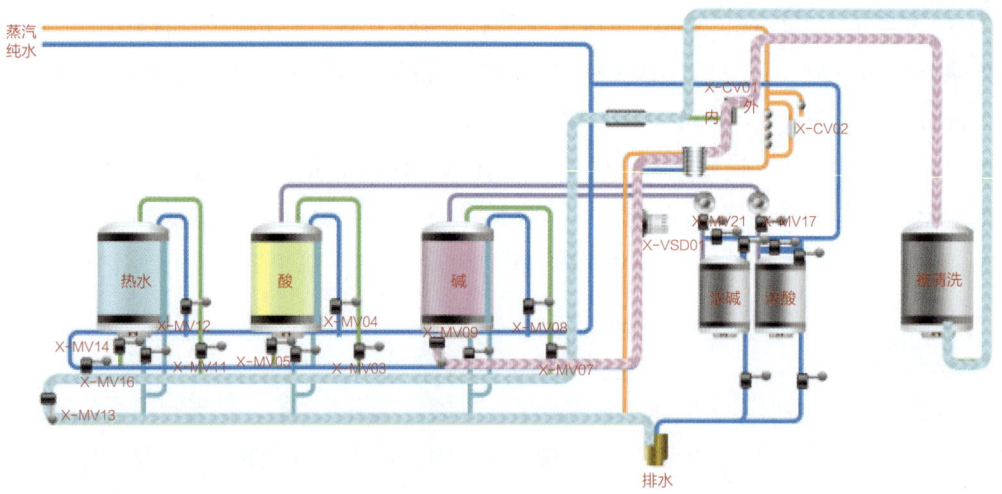

（1）碱顶水

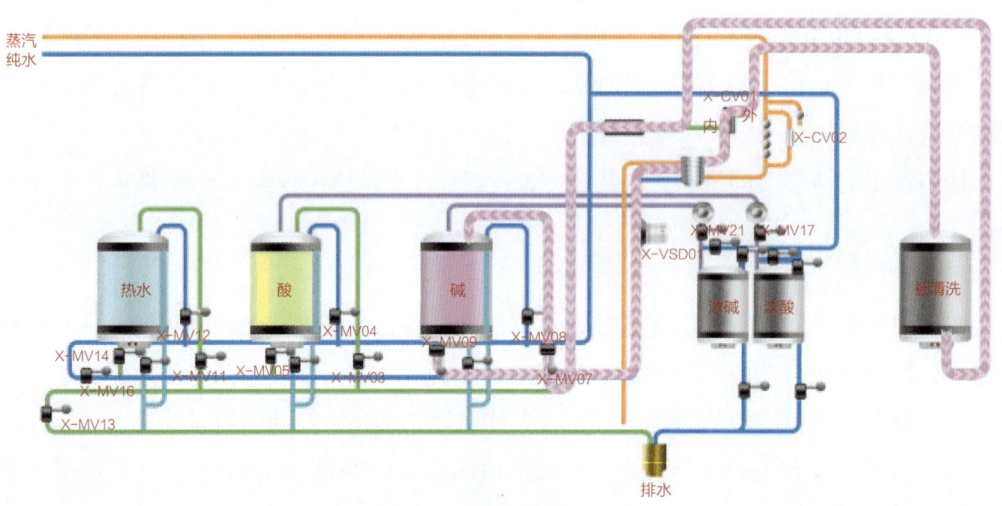

（2）碱循环

图2-72 CIP系统碱洗管道示意图

（1）打开阀X-MV16与CIP泵连通，打开CIP离心泵X-VSD01，开始水顶碱，如图2-73（1）所示，检测到CIP回管路上的电导率降低至稳定，说明水顶碱结束，关闭碱罐回流阀X-MV04。

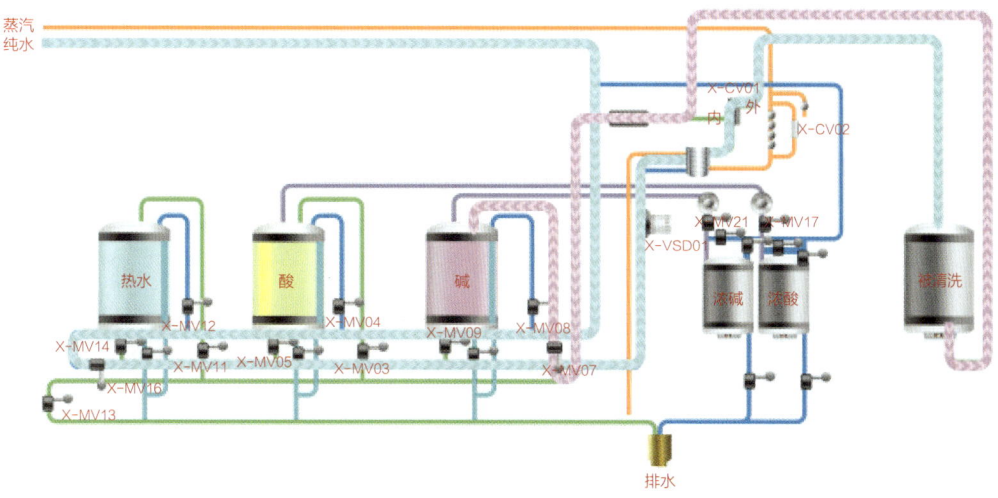

（1）水顶碱

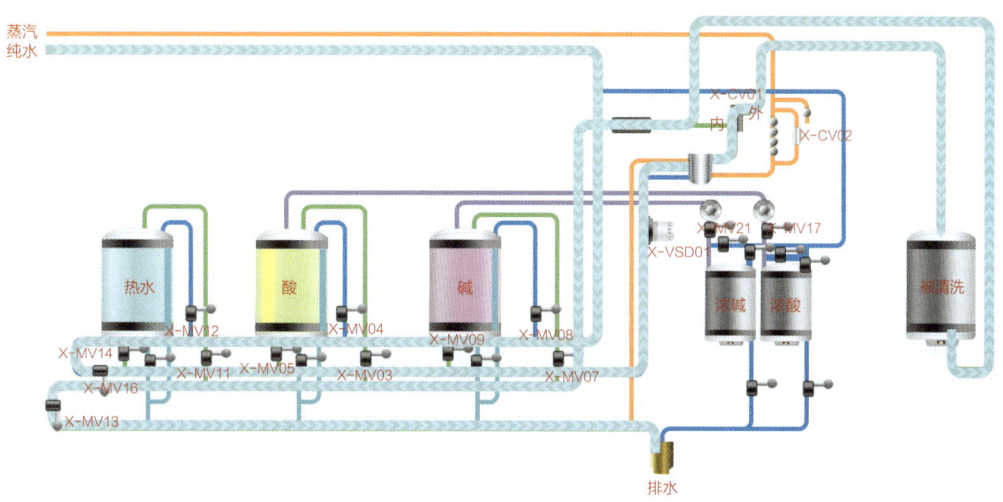

（2）水冲洗

图2-73 CIP系统水洗管道示意图

（2）打开水回流排污阀，开始水冲洗，如图2-73（2）所示。

（3）水冲洗的目的是将碱洗残留液冲洗干净，10min后关闭CIP离心泵X-VSD01和阀X-MV16、回流排污阀。

五、酸洗

水洗结束后,进行酸洗,以除去受热设备表面上的变性蛋白质和盐类。酸洗包括酸顶水和酸循环两步,酸洗结束后进行水顶酸并再次水冲洗,管道示意图如图2-74所示。

(1)打开酸罐出料阀X-MV05、回流排污阀,与CIP泵连通,打开CIP离心泵X-VSD01,开始酸顶水,如图2-74(1)所示。

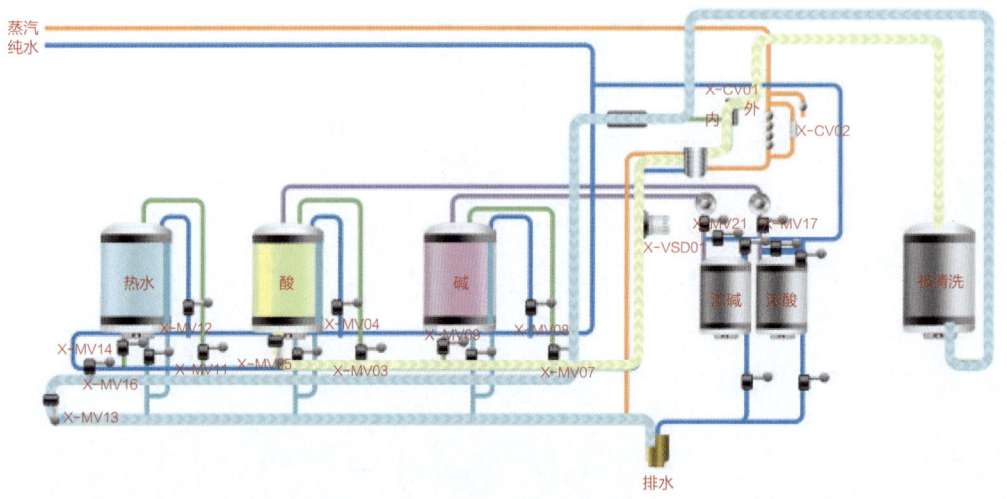

(1)酸顶水

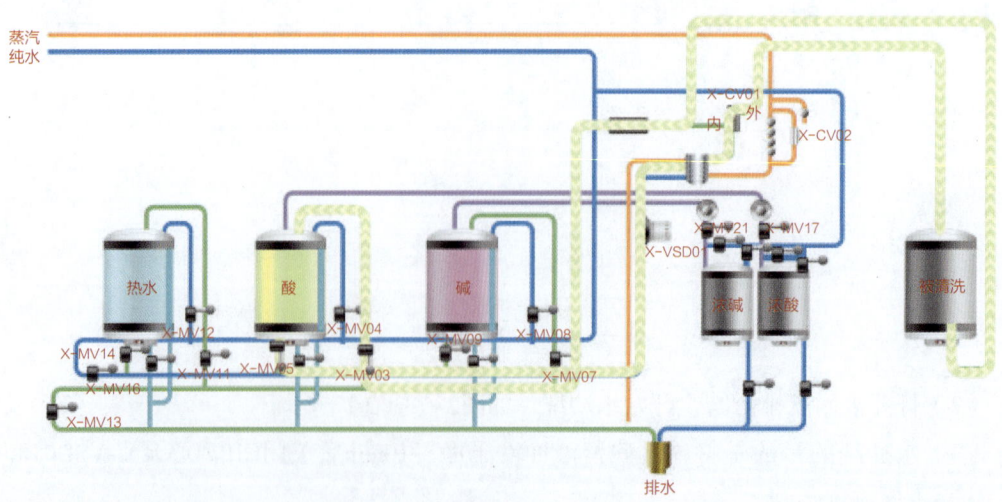

(2)酸循环

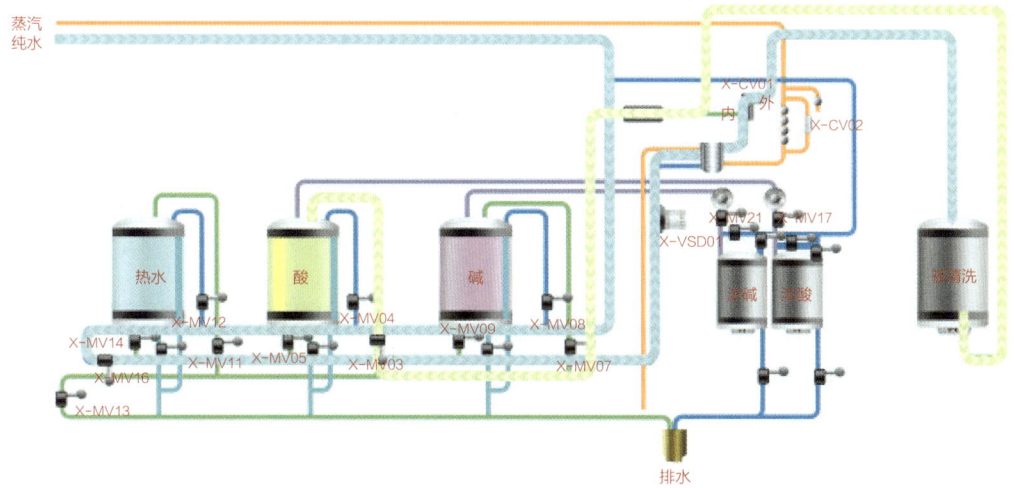

（3）水顶酸

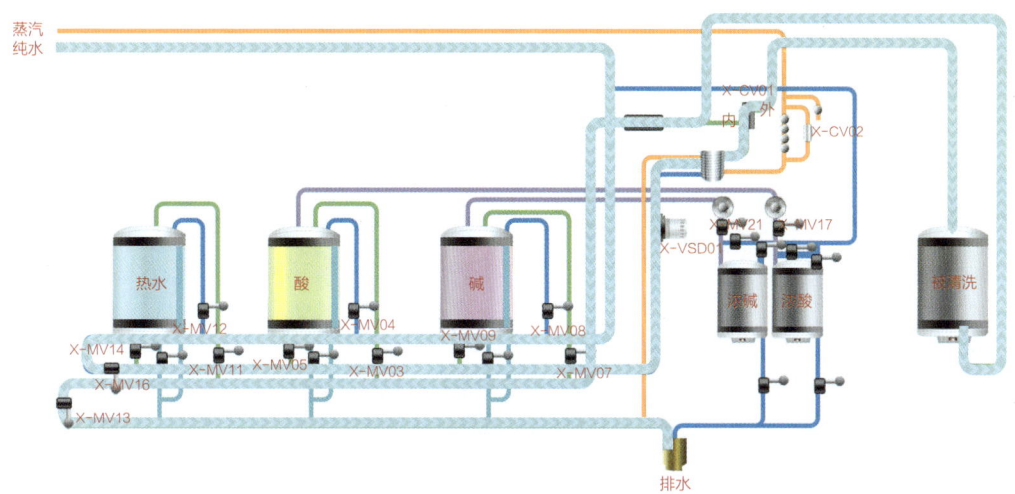

（4）水冲洗

图2-74 CIP系统酸洗管道示意图

（2）检测到CIP回管路上的电导率增加至稳定，说明酸顶水结束，打开酸罐回流阀X-MV04，关闭回流排污阀，开始酸循环，如图2-74（2）所示。

（3）酸循环清洗20min后关闭CIP离心泵X-VSD01和酸罐出料阀X-MV05。

（4）酸洗结束后关闭酸罐回流阀X-MV04。开阀门X-MV16、回流排污阀和离心泵X-VSD01，进行水顶酸，如图2-74（3）所示，之后水冲洗，如图2-74（4）所示，直至出水呈中性。

六、最后冲洗

(1)开热水罐出水阀X-MV14,用热水冲洗5~10min。
(2)关闭离心泵X-VSD01、阀门X-MV14、回流排污阀。

七、结束工作

(一)检查清洗效果

(1)奶罐内不能有水残留。
(2)清洗后的管线、罐、设备不能有清洗液残留,用pH试纸测残水pH,pH为中性。
(3)清洗后的管线、罐、设备应清洁、明亮,无肉眼可见杂质,无污垢,残水清澈。
(4)使用ATP荧光检测仪按仪器使用说明书操作记录测试结果,如图2-75所示。
(5)同时关闭所使用的泵。

(二)填写CIP清洗记录

填写CIP工作过程记录表(表2-26)。

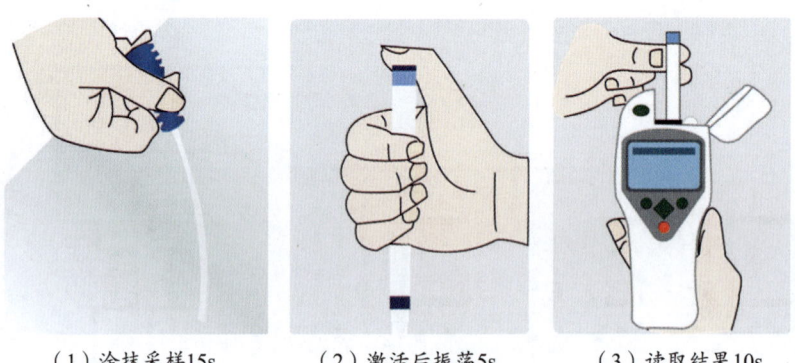

(1)涂抹采样15s　　(2)激活后振荡5s　　(3)读取结果10s

图2-75　ATP荧光检测仪使用方法

表2-26　CIP工作记录表

CIP跟踪项目	浓度	循环时间	温度	流量	操作人
水洗					
碱洗					
水洗					
酸洗					
水洗					
清洗效果验证					

> **注意事项**

（1）CIP最后一段水冲洗一般在5min（根据管道长短及奶罐大小，可以调整），但必须洗至出水pH与原水pH一致。

（2）启机后密切注意清洗管路沿线的各罐的液位变化，如有异常，立即查找原因，防止酸碱打入储奶罐造成生产损失。

（3）当酸碱罐中酸碱不够时，CIP操作工应及时配制酸碱，配制酸碱时必须穿戴好防护装备，并有人监护。

任务评价

请根据表2-27中的评价内容与标准，针对任务实施中的表现，完成评价任务。

表2-27 任务评价表

评价项目	评价内容与标准	评价结果
知识目标	能概述CIP的定义	是□ 否□
	能说出清洗剂的种类和作用	是□ 否□
	能概述CIP系统的组成	是□ 否□
	能完成CIP准备工作	是□ 否□
	会验证酸碱清洗液浓度	是□ 否□
	能完成CIP碱洗操作	是□ 否□
	能完成CIP水洗操作	是□ 否□
	能完成CIP酸洗操作	是□ 否□
	能使用ATP荧光检测仪验证清洗效果	是□ 否□
素养目标	能判别、预防生产中的化学危险并进行酸碱化学危害的应急处置	是□ 否□
	能够严格按照操作规程操作并进行酸碱防护	是□ 否□
	能与CIP清洗工、现场检验员等岗位有效沟通汇报工作情况	是□ 否□

职场故事

清洗废水循环利用　助力资源节约与环保

随着奶牛场规模化、集约化发展，养殖粪污问题已成为影响奶牛产业生存的主要因素之一。奶牛场粪污的来源除了粪便和尿液外，还与奶牛场大量清洁用水排放至粪污处理系统导致粪污总产生量大有关。因此，减少清洁用水量在降低粪污产生总量中尤为重要。某牧场专门成立了研究团队，针对如何高效利用奶牛场挤乳设备清洗废水、节约用水进行了研究和落实。

首先，他们对挤乳设备废水分类收集工艺产生的废水进行定量监测和成分分析。结果显示，牧场每天3次挤乳，采用"两碱一酸"的清洗方式，设备清洗废水的日均产生量为5.29m³，其中预冲洗和后冲洗废水占比50%以上，采取合理回收措施可以有效节约水资源；其中难处理的酸碱清洗液废水日产生量为1.29m³，占挤乳设备清洗废水总量的24.39%。通过检测，他们发现酸碱清洗废水pH变化大。这对后期处理工艺要求增高，环境污染风险加大，而酸碱清洗废水的高电导率，证明废水中离子浓度含量高、成分复杂，废水排入粪污处理系统，导致粪污总产生量加大、处理难度增高。

于是，团队重点研究酸碱清洗废水的分类收集方式和循环利用工艺，根据奶牛场挤乳设备废水分类收集工艺进行实验室模拟，探究了原位清洗（CIP）中酸碱清洗液循环清洗阈值、酸碱清洗液达到阈值后如何恢复其功能，以及酸碱清洗液循环利用次数等问题，结合实际调研结果、奶牛场试验数据分析、实验室模拟试验和实验站奶牛场验证试验，探索出一套奶牛场酸碱清洗液循环清洗的新工艺，在保障清洗效果的同时实现了废水源头减量。

思考练习

按照酸碱清洗液浓度验证的实验步骤，完成HNO₃清洗液和NaOH清洗液的浓度测定，记录并处理数据，填写表2-28和表2-29。

1. HNO₃清洗液的浓度验证

表2-28　HNO₃情况实验记录表

平行实验	1	2
NaOH浓度（c）/（mol/L）	0.1	
初读数/mL		
终读数/mL		
NaOH耗体积（V）/mL		
HNO₃浓度/%		
HNO₃浓度平均值/%		

2. NaOH清洗液的浓度验证

表2-29　NaOH情况实验记录表

平行实验	1	2
HCl浓度（c）/（mol/L）	0.5	
初读数/mL		
终读数/mL		
HCl耗体积（V）/mL		
NaOH浓度/%		
NaOH浓度平均值/%		

模块三

典型产品加工

▼

乳制品是指以生鲜牛（羊）乳及其制品为主要原料，经加工而制成的各种产品。依据《企业生产乳制品许可条件审查细则》，乳制品包括液体乳（巴氏杀菌乳、灭菌乳、调制乳、发酵乳）；乳粉（全脂乳粉、脱脂乳粉、部分脱脂乳粉、调制乳粉、牛初乳粉）；其他乳制品（炼乳、奶油、干酪等）。根据国内市场常见的典型产品，本模块重点学习巴氏杀菌乳、超高温灭菌乳、酸乳、干酪、乳粉、奶油六个典型产品的加工。

巴氏杀菌乳加工
- 巴氏杀菌乳定义及分类
- 巴氏杀菌乳加工基本过程
- 冷链保障
- 巴氏杀菌乳加工工艺流程
- 巴氏杀菌乳质量标准

超高温灭菌乳加工
- 超高温灭菌乳定义
- 超高温灭菌乳加工基本过程
- 超高温灭菌乳加工工艺流程
- 超高温灭菌乳质量标准
- 超高温灭菌乳检验

酸乳加工
- 酸乳定义及分类
- 酸乳加工基本过程
- 酸乳加工工艺流程
- 酸乳质量标准

典型产品加工

干酪加工
- 干酪定义及分类
- 干酪加工基本过程
- 干酪加工工艺流程
- 干酪质量标准

乳粉加工
- 乳粉定义及分类
- 乳粉加工基本过程
- 乳粉加工工艺流程
- 乳粉质量标准

奶油加工
- 稀奶油、奶油及无水奶油的定义
- 奶油分类
- 奶油加工基本过程
- 奶油加工常见问题
- 奶油加工工艺流程
- 奶油质量标准

任务一 巴氏杀菌乳加工

学习目标

1. 能说出巴氏杀菌乳的定义。
2. 能概述巴氏杀菌乳加工工艺流程。
3. 能按产品质量要求完成巴氏杀菌乳加工。
4. 能按标准要求完成巴氏杀菌乳感官评价。
5. 建立巴氏杀菌乳生产安全意识和产品质量意识。

任务描述

巴氏杀菌乳具有新鲜、营养、安全等特点,可最大限度地保存乳制品的营养物质、天然风味和纯正口感,受到广泛欢迎。本次学习任务是:按照巴氏杀菌乳工艺标准,制作巴氏杀菌乳,主要包含加工前的准备工作、巴氏杀菌乳加工、巴氏杀菌乳感官评价三部分。

知识准备

一、巴氏杀菌乳定义

(GB 19645—2010)《食品安全国家标准 巴氏杀菌乳》中规定,巴氏杀菌乳是指仅以生牛(羊)乳为原料,经巴氏杀菌等工序制得的液体产品。

二、巴氏杀菌乳分类

巴氏杀菌乳按脂肪含量可分为全脂乳、部分脱脂乳和脱脂乳,见表3-1。

表3-1 巴氏杀菌乳的分类

分类依据	分类	分类指标
脂肪含量	全脂乳	脂肪含量>3.1%
	部分脱脂乳	脂肪含量0.6%~1.5%
	脱脂乳	脂肪含量<0.5%

三、巴氏杀菌乳加工基本过程

巴氏杀菌乳加工一般分为预处理、巴氏杀菌、灌装三部分。其中，巴氏杀菌是整个工艺流程中最为关键的一步，要求温度和时间控制得当，以保证产品的质量和安全性。

（一）预处理

生产巴氏杀菌乳的原料要求使用合格的生乳，按照（GB 19301—2010）《食品安全国家标准 生乳》中的各项指标要求进行检验，以确保生乳的质量。生乳验收合格后，经过下列步骤进行预处理。

1．净乳

常用60～120目滤网过滤，再用离心净乳机将微小的机械杂质和细菌芽孢除去。

2．冷却

用板式热交换器将乳冷却至4℃。

3．储存

用带有搅拌器的贮乳设备储存，如图3-1所示，乳温不超过6℃。

4．标准化

调整牛乳中脂肪的含量，使其符合产品的要求。

5．均质

温度为55～65℃（根据杀菌温度的高低进行调节），压力为18～22MPa。

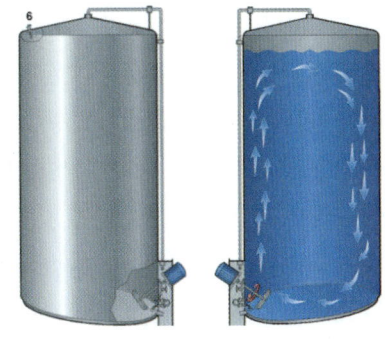

图3-1 带螺旋桨式搅拌器的奶仓

其中，生乳净化时的离心除菌是指通过离心力的作用机械性地去除乳中的微生物和体细胞，它是一种较为温和的除菌方式。离心运动时密度越大的物质离心半径越大，芽孢具有相对高的密度，一般可高达1.2～1.3g/L，因此，离心除菌对芽孢特别有效，能有效去除生乳中98%以上的芽孢。

高速离心除菌技术不仅能降低巴氏杀菌的温度，而且可提高产品的风味。在一些情况下，通过除去生乳中的耐热微生物，可以延长乳制品的保质期。因此，将离心除菌与巴氏杀菌工艺结合在一起使用会取得较好的效果。

（二）巴氏杀菌

经巴氏杀菌的产品必须完全没有致病微生物。生乳中含有能够影响产品风味和保质期的酶，如氧化还原酶、磷酸酶等，因此巴氏杀菌还应尽可能多抑制生乳中的酶。

常用巴氏杀菌工艺参数见表3-2。

生乳热处理温度超过80℃，会对牛乳的风味和色泽以及天然活性物质如乳铁蛋白、免疫球蛋白和乳过氧化物酶产生负面影响，因此，在杀死生乳中病原性微生物的同时，为了使乳的营养成分破坏最小,最大限度地保持乳的新鲜口感和营养价值,多采用75℃、15s的工艺参数。

表3-2 巴氏杀菌工艺参数

温度	时间
63~65℃	30min
72~75℃	15~20s
82~85℃	10~15s

(三)灌装

冷却后的牛乳要立即灌装。巴氏杀菌乳常用的包装形式有复合纸包装、玻璃瓶包装、聚对苯二甲酸类塑料(polyethylene terephthalate,PET)包装等,如图3-2所示。灌装过程要严格遵守卫生要求,避免二次污染,包括包装环境、包装材料及包装设备的污染。

(1)复合纸包装 (2)玻璃瓶包装 (3)PET包装

图3-2 巴氏杀菌乳常见包装

灌装工序同杀菌一样也是HACCP系统中的关键控制点之一,主要在于灌装的密封控制,防止外界空气的微生物污染。不同的灌装机,有不同的封合压力,封合温度、时间等,选择时需高度关注。另外,灌装所使用的包材灭菌方式有紫外灯、双氧水等,因为包材污染也是食品安全的显著风险点之一,该步骤的管控措施一般也会列为OPRP点进行控制。

四、冷链保障

由于巴氏杀菌不是完全灭菌,灌装环境及包装材料也不是无菌状态,要求巴氏杀菌乳在生产过程及产品运输、销售过程中必须做到完全冷链。冷链系统应包括四个关键环节,如图3-3所示。

(1)生乳挤出后第一时间冷却至2~6℃。

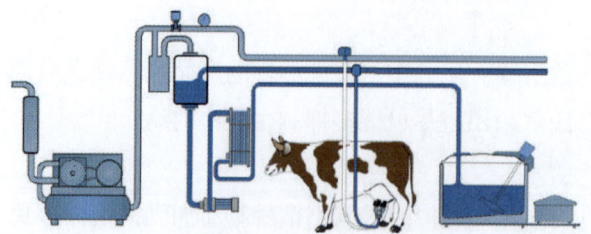

(1)挤乳后立即冷却,冷藏在储存罐中

保持2~4℃

(2)用冷藏保温的奶罐车运输生乳

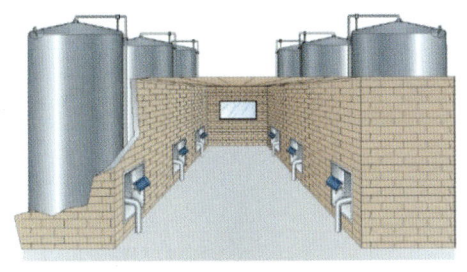

（3）收乳后生乳存放在奶罐中冷藏　　　（4）产品需在2~6℃冷藏库中存放

图3-3　巴氏杀菌乳冷链保障系统

（2）用保温冷藏车2~4℃运输生乳。
（3）验收合格的生乳需冷藏，温度应控制在2~6℃。
（4）巴氏杀菌产品的配送运输及销售均需冷藏，温度控制在2~6℃。

五、巴氏杀菌乳加工工艺流程

巴氏杀菌乳的主要加工工艺流程为：生乳验收→预处理→巴氏杀菌→灌装→冷藏，如图3-4所示。

图3-4　巴氏杀菌乳加工工艺流程

六、巴氏杀菌乳质量标准

（一）巴氏杀菌乳食品安全国家标准

巴氏杀菌乳质量标准要符合（GB 19645—2010）《食品安全国家标准　巴氏杀菌乳》中的感官要求、理化指标及微生物限量，见表3-3~表3-5。

表3-3　感官要求

项目	要求	检验方法
色泽	呈乳白色或微黄色	取适量试样置于50mL烧杯中，在自然光下观察色泽和组织状态。闻其气味，用温开水漱口，品尝滋味
滋味、气味	具有乳固有的香味，无异味	
组织状态	呈均匀一致液体，无凝块、无沉淀、无正常视力可见异物	

表3-4 理化指标

项目	指标	检验方法
脂肪[a]/（g/100g）≥	3.1	GB 5009.6—2016
蛋白质/（g/100g） 牛乳　　≥ 羊乳　　≥	 2.9 2.8	GB 5009.5—2016
非脂乳固体/（g/100g）≥	8.1	GB 5413.39—2010
酸度/°T 牛乳 羊乳	 12～18 6～13	GB 5009.239—2016

注：a仅适用于全脂巴氏杀菌乳。

表3-5 微生物限量

项目	采样方案[a]及限量（若非指定，均以CFU/g或CFU/mL表示）				检验方法
	n	C	m	M	
菌落总数	5	2	50000	100000	GB 4789.2—2022
大肠菌群	5	2	1	5	GB 4789.3—2016平板计数法
金黄色葡萄球菌	5	0	0/25g（mL）	—	GB 4789.10—2016定性检验
沙门氏菌	5	0	0/25 g（mL）	—	GB 4789.4—2024

注：a样品的分析及处理按GB 4789.1—2016和GB 4789.18—2024执行。

污染物限量应符合GB 2762—2022的规定；真菌毒素限量应符合GB 2761—2017的规定。

应在产品包装主要展示面上紧邻产品名称的位置，使用不小于产品名称字号且字体高度不小于主要展示面高度1/5的汉字标注"鲜牛奶"或"鲜牛乳"。

（二）全脂巴氏杀菌乳感官质量评鉴细则

针对全脂巴氏杀菌乳，乳制品行业制定了中国乳制品工业行业规范（RHB 101—2004）《巴氏杀菌乳感官质量评鉴细则》，细则适用于全脂巴氏杀菌乳和脱脂巴氏杀菌乳的感官评鉴。全脂巴氏杀菌乳感官评分标准见表3-6。

表3-6 全脂巴氏杀菌乳感官评分表

评价指标	特征描述	得分
滋味和气味 （60分）	具有全脂巴氏杀菌乳的纯香味，无其他异味	60
	具有的全脂巴氏杀菌乳纯香味，稍淡，无其他异味	59～55
	具有的全脂巴氏杀菌乳固有的香味，且此香味延展至口腔的其他部位，或舌部难以感觉到牛乳的纯香，或具有蒸煮味	56～53

续表

评价指标	特征描述	得分
滋味和气味 （60分）	有轻微饲料味	54～51
	滋味、气味平淡，无乳香味	52～49
	有不清洁或不新鲜滋味和气味	50～47
	有其他异味	48～45
组织状态 （30分）	呈均匀的流体。无沉淀，无凝块，无机械杂质，无黏稠和浓厚现象，无脂肪上浮现象	30
	有少量脂肪上浮现象外基本呈均匀的流体。无沉淀，无凝块，无机械杂质，无黏稠和浓厚现象	29～27
	有少量沉淀或严重脂肪分离	26～20
	有黏稠和浓厚现象	20～10
	有凝块或分层现象	10～0
色泽 （10分）	呈均匀一致的乳白色或稍带微黄色	10
	均匀一色，但显黄褐色	8～5
	色泽不正常	5～0

▷ 任务实施

⚠ 安全提示

巴氏杀菌乳加工过程存在高温烫伤、触电等潜在风险，请熟记当心高温表面、当心触电等安全标识，如图3-5所示，严格执行安全预防措施，避免直接接触杀菌设备部件。

（1）当心高温表面　　（2）当心触电

图3-5　安全标识

活动一　准备工作

一、制定巴氏杀菌乳加工方案

（一）明确巴氏杀菌乳产品质量标准

查阅（GB 19645—2010）《食品安全国家标准　巴氏杀菌乳》等巴氏杀菌乳相关资料，明确巴氏杀菌乳产品质量标准，完成表3-7。

表3-7　巴氏杀菌乳质量标准

巴氏杀菌乳质量标准	要求与指标	
感官标准	色泽：_____ 滋味气味：_____	组织状态：_____ 外形形态：_____
理化标准	脂肪：_____ 非脂乳固体：_____	蛋白质：_____ 酸度：_____
微生物限量	污染物限量：_____ 微生物限量：_____	真菌毒素限量：_____

（二）确定加工流程与过程工艺

查阅资料，确定全脂巴氏杀菌乳的工艺流程和条件，完成表3-8。

表3-8　巴氏杀菌乳加工流程与要求

加工步骤	加工要求
收入生乳	生乳仓存储时长：____h，生乳仓存储温度：____℃
分离前预热	温度：____℃
分离脱脂	生乳中的脂肪部分或全部分离，将其分为两部分脱脂乳和稀奶油
*脱脂乳离心除菌	离心转速：____r/min，温度：____℃
*脱脂乳微滤除菌	微滤（MF）膜压差≤____MPa，脱脂乳脂肪≤____MPa
*稀奶油杀菌	杀菌温度：____℃，时间____s，出口温度：55~65℃
标准化	脱脂乳和稀奶油按比例混合，蛋白质、脂肪含量控制在产品要求范围内
均质	温度：____℃，压力：____MPa
杀菌	温度：____℃或者85℃时间____s
冷却	温度：____℃
灌装	灌装下生产线温度：____℃，灌装下生产线室温暂存时间：____h
冷藏	储存温度：____℃

注：*表示巴氏杀菌乳工艺中非必须项，若为延长产品巴氏乳的保质期才会选用该加工工艺。

采用75℃、15s杀菌工艺的巴氏杀菌乳，对生乳中原始细菌有更严苛的要求，加工过程可增加离心除菌的工序。

二、原、辅料准备

（一）原料准备

乳制品企业的检验室通常根据国家标准或企业内控标准对产品进行逐项检测，且每道工序均需取样检测，各项指标检测合格后，才能通知车间转入下道工序。

巴氏杀菌乳生产时，需要选择符合食品安全国家标准的生乳为生产原料。请根据企业巴氏杀菌乳理化指标转序标准，见表3-9，检查生乳验收转序质量指标，填写表3-10，完成巴氏杀菌乳转序工作。

表3-9　某企业巴氏杀菌乳理化指标转序标准

产品名称	脂肪	蛋白质	非脂乳固体	酸度/°T	酒精试验	感官
巴氏杀菌乳	≥3.1	≥3.0	≥8.1	12～18	阴性	正常

表3-10　巴氏杀菌乳转序单

产品名称	\multicolumn{6}{c} 巴氏杀菌乳
转序方向	生乳验收—预处理					
理化指标	脂肪/%	蛋白质/%	非脂乳固体/%	总固体/%	水分/%	脂肪占干物质/%
				—	—	—
	蔗糖%	酸度/°T	酒精试验	感官	黏度	
	—		阴性	正常	—	
结论						
转序时间	年　　　月　　　日					
操作工签名						
检验员签名						
备注						

（二）包材准备

领取验收合格的巴氏杀菌乳包材，核对包材数量、包材外包装完好性、包材品种，填写表3-11和表3-12，核对无误后签名确认。

表3-11　巴氏杀菌包装材料领料单

领料部门：	日期：		编号：	
物料名称	规格型号	数量	质量	备注
领料人：	审批人：		仓管员：	

表3-12　巴氏杀菌包装材料领入记录

包材名称					
领入日期	订单号	生产日期	编号	数量	领入人

包材领入灌装车间后，部分抽检，使用无菌脱脂棉签涂抹包材内外表面，将棉签放入无菌水试管，检测微生物残留情况，菌落总数需小于10CFU/100cm^2。

（三）设备准备

灌装设备使用前，确认是否清洗超时，距上次清洗应小于24h，超时需重新清洗并对供料管线做热水消毒，热水温度：90～95℃，持续时间：20～30min。灌装设备热消毒后使用无菌水冲洗供料管线降温，等待巴氏杀菌乳供料。

活动二　巴氏杀菌乳加工

一、原料预处理

（一）净乳

生乳预热到50～60℃，开启离心净乳机，设定转速（8000±100）r/min，设定进料流速（根据设备设计参数设定）。

（二）标准化

1. 测定生乳中脂肪的含量

预热生乳，温度保持在55～60℃，使用乳成分快速检测仪测定生乳中脂肪含量，将测定结果填入表3-13。

表3-13　生乳脂肪含量测定表

样品测定	脂肪含量/%
第一次测定	
第二次测定	
第三次测定	
平均值	

2. 确定添加或者移除稀奶油的数量

若生乳脂肪含量低于脂肪标准化目标含量3.1%。需要添加稀奶油，选择市售稀奶油脂肪含量为30%。计算需要添加稀奶油的量。

稀奶油添加量=_____kg

若生乳脂肪含量高于目标脂肪含量3.1%，需要分离移除部分稀奶油。计算需要移除稀奶油的量。

稀奶油移除量=_____kg

二、均质与热杀菌

根据企业内控标准，取样检测蛋白质、脂肪、非脂乳固体、酸度、感官等指标，完成转序单，各项指标检测合格后，由预处理转入热杀菌工序。

（一）高压均质

设置均质温度：55~65℃、均质压力：18~22MPa。打开冷却水，接通电源。通过一级阀和二级阀交替加压至工作压力18~22MPa，见图3-6。不同的设备，压力单位可能会有所不同，常见单位有MPa、bar，1MPa=10 bar。

（二）杀菌

均质后的牛乳流经管式换热器，执行巴氏杀菌，设置杀菌温度：72~75℃，杀菌时间：15~20s，出料温度≤4℃，流量达到设备设计要求。

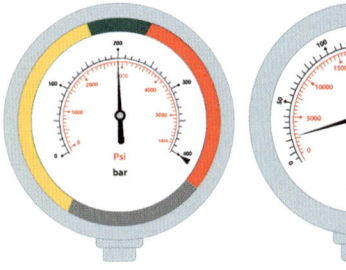

（1）压力表示意图/bar　（2）压力表示意图/MPa
图3-6　高压均质机压力表

按照模块二任务三热杀菌操作步骤完成杀菌操作，填写杀菌记录表3-14。按照巴氏杀菌质量关键控制点要求，监控杀菌操作，监控内容与步骤如下。

（1）监控对象　杀菌温度、杀菌流量。设备要带有自动报警回流功能（当温度达不到下限时，牛乳物料自动回流排地或者重新杀菌）。

（2）关键限值　杀菌温度72~75℃，杀菌时间15~20s，杀菌流量达到设备设计要求。

（3）监控方法　温度探头自动监控，设备带有无纸记录仪或者远程传输功能，能够连续记录杀菌温度。

（4）中控人员每1h或者2h监控记录一次，确保杀菌温度、时间和杀菌流量符合工艺要求。

（5）如果出现关键限值不符合，立即上报并及时采取设备清洗消毒及管道重新灭菌纠偏行动。

（6）生产领班每批次复核；检验室对半成品进行微生物检验；品控每年至少一次对设备杀菌效率进行验证。

表3-14　杀菌记录表

杀菌	工艺要求：杀菌温度72～75℃，均质温度55～65℃，均质压力18～22MPa，出口温度2～6℃，杀菌时间15～20s，Δt=热水温度-杀菌温度（要求Δt≤8℃）										
	平衡缸温度/℃	热水温度/℃	杀菌温度/℃	Δt	保温温度/℃	出口温度/℃	灌装回流温度/℃	均质温度/℃	流量/(L/h)	均质压力/MPa	记录时间	操作员
备注												

三、灌装

（一）灌装准备工作

产品灌装生产前，检测脂肪、蛋白质、非脂乳固体、酸度等理化指标，填写表3-15，对照标准检查各项指标是否合格。

表3-15　生产转序单

产品名称						
转序方向						
理化指标	脂肪/%	蛋白质/%	非脂乳固体/%	总固体/%	水分/%	脂肪占干物质/%
	蔗糖/%	酸度/°T	酒精试验	感官		黏度
结论						
转序时间			年　月　日			
操作工签名						
检验员签名						
备注						

灌装设备开启前，确认清洗未超时，对设备管道进行跑、冒、滴、漏的检查，检查水、电、气、压力、温度是否正常。灌装设备开启后，按照企业内控标准对空盒包装进行包装完整性检查，以屋顶盒包装为例执行以下操作，检测合格后产品才可进行连续灌装生产。

1. 底部染色试验

从灌装机产品出口处取出密封好的空屋顶盒包装。在距离顶部水平压痕线下方2.5～

3cm处剪开，如图3-7（1）所示。取下半部分，倒入1/3的红墨水渗透液，静置1min，进行底部染色，如图3-7（2）所示。用自来水冲掉红墨水渗透液，擦干，切开盒底四角，将盒底展开，掀起折边观察是否有染色痕迹，没有染色则判定包装合格。

2. 顶部染色试验

从灌装机产品出口处取出密封好的空屋顶盒包装。在距离顶部水平压痕线下方2.5~3cm处剪开。取上半部分，倒持顶部，倒入1/3的红墨水渗透液，静置1min，进行顶部染色，如图3-7（3）所示。用自来水冲掉红墨水渗透液，擦干，展开包装顶部，掀起折边观察是否有染色痕迹，没有染色则判定包装合格。

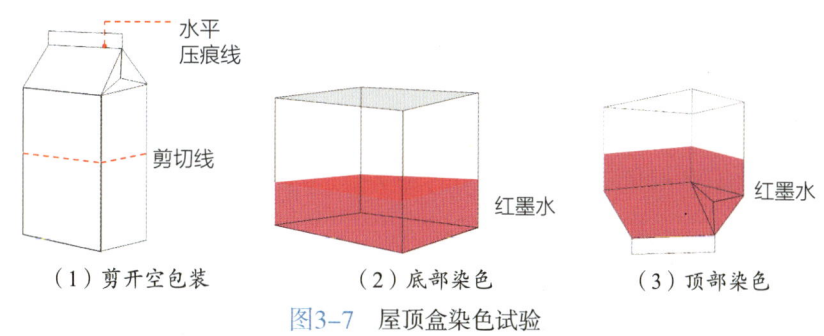

图3-7 屋顶盒染色试验

（二）产品灌装操作

（1）开启灌装设备，在仪表操作界面设置灌装参数（按照设备设计参数），进行灌装。

（2）每0.5~1h，用72%~75%的酒精喷洒设备内部及灌装头。

（3）每1h对产品进行感官评鉴，评鉴口感、滋气味是否正常，组织状态是否细腻无颗粒，产品内容与外包装是否匹配。

（4）每1h检查打印日期是否正确、清晰。

（5）每1h对灌装生产线上的产品进行称重、封合检查，记录产品重量及封合温度、压力。屋顶盒的顶部封合温度标准为（450±50）℃，底部封合温度标准为（500±50）℃。

（6）每班次测量产品下线温度，巴氏杀菌乳产品下线温度≤6℃。

（7）添加及更换包材时，使用过氧乙酸或者次氯酸钠消毒水对手部消毒。

（8）当设备停机或者故障30min以上时，设备内部灌装的产品全部报废；需用72%~75%酒精喷洒消毒设备内部及灌装头，用消毒毛巾擦拭灌装区域，重新开机，防止交叉污染。

（9）生产结束后，对设备和管道进行CIP。

（10）检查管道、泵、奶缸等处是否有跑、冒、滴、漏问题，出现异常及时上报。若无异常，正常关闭水电气，结束灌装操作。

活动三 巴氏杀菌乳感官评价

一、准备工作

（一）阅读标准

阅读中国乳制品工业行业规范（RHB 101—2004）《巴氏杀菌乳感官质量评鉴细则》，重点阅读人员要求、评鉴方法、评鉴要求、数据处理等必要性条文。

（二）样品制备

1. 恒温保存

将选定用于感官评鉴的样品事先存放于15℃恒温箱中，保证呈送时样品温度恒定均一，防止因温度不均匀造成样品评鉴失真。

2. 分装

在评鉴前将样品充分混匀，采用高透光玻璃容器分装，保证容器不会对感官评鉴产生影响，分装量控制在30~60mL，确保每份样品均匀一致。

3. 编号

对样品随机编号，注意不应带有任何不适当的信息，以防对评鉴员的客观评鉴产生影响。

4. 送样

用于感官评鉴的样品数控制在4~8份，采用圆形摆放法、直线形摆放法或矩阵形摆放法摆放样品，如图3-8所示，使每份样品在每个位置上出现的概率相同。

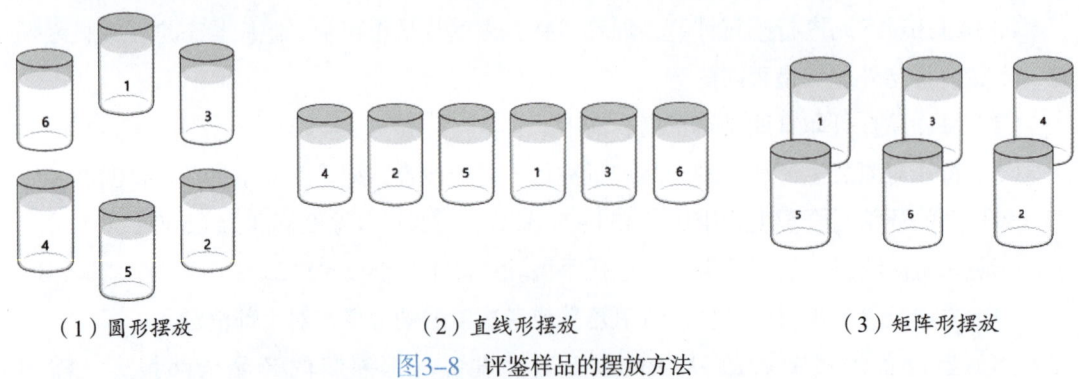

（1）圆形摆放　　　　（2）直线形摆放　　　　（3）矩阵形摆放

图3-8　评鉴样品的摆放方法

（三）环境准备

（1）评鉴实验室保持通风良好，无气味，无噪声。

（2）整理清洁评鉴工作台，保持整洁干净。工作台上准备评鉴人员漱口用水。

（3）调节评鉴实验室照明光源，使光线均匀分布在评鉴工作台面上，去除阴影。

二、依据标准感官评分

（一）巴氏杀菌乳感官评鉴

1. 色泽和组织状态评鉴

将样品置于自然光下观察色泽和组织状态，如图3-9（1）所示。

2. 气味和滋味评鉴

在通风良好的室内，对着样品盛装容器口部嗅闻气味，如图3-9（2），品尝样品滋味，每次品尝前用温开水漱口。

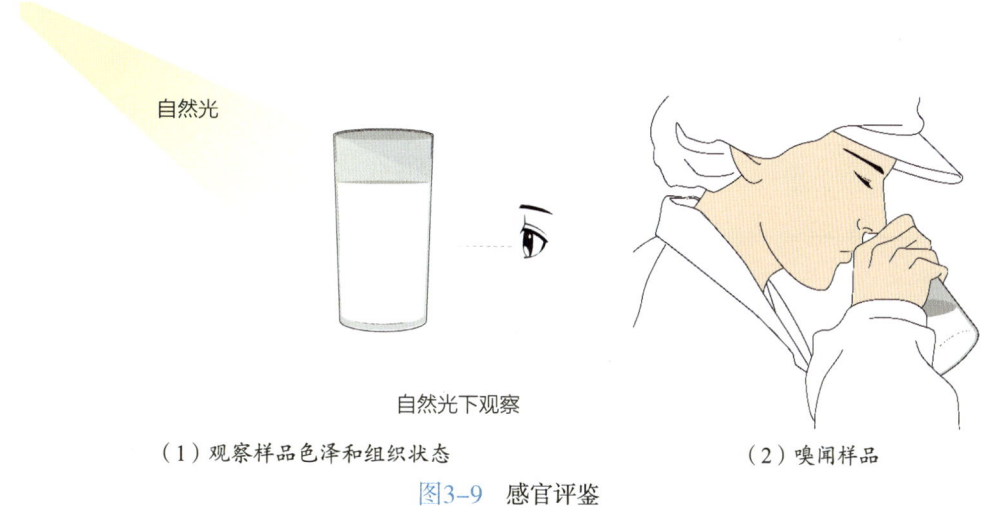

（1）观察样品色泽和组织状态　　　　（2）嗅闻样品

图3-9　感官评鉴

（二）巴氏杀菌乳感官评分

依据中国乳制品工业行业标准（RHB 101—2004）《巴氏杀菌乳感官质量评鉴细则》中的评分标准，见表3-6。对巴氏杀菌乳产品进行感官评分，填写表3-16。

表3-16　全脂巴氏杀菌乳感官评分表

评价指标	特征描述	得分
滋味和气味（60分）		
组织状态（30分）		
色泽（10分）		
合计		

任务评价

请根据表3-17中的评价内容与标准，针对任务实施中的表现，完成评价任务。

表3-17 任务评价表

评价项目	评价内容与标准	评价结果
知识目标	能说出巴氏杀菌乳定义	是□ 否□
	能概述巴氏杀菌乳一般工艺流程与工艺参数	是□ 否□
	能概述巴氏杀菌乳质量标准	是□ 否□
能力目标	能完成巴氏杀菌乳加工准备工作	是□ 否□
	能完成巴氏杀菌乳加工中标准化、均质等预处理操作	是□ 否□
	能完成巴氏杀菌乳加工中巴氏杀菌操作	是□ 否□
	能完成巴氏杀菌乳加工中产品灌装操作	是□ 否□
	能完成巴氏杀菌乳感官评价	是□ 否□
素养目标	能遵守巴氏杀菌乳安全操作规范	是□ 否□

职场故事

为"鲜"而做

健康达人康康正在公园慢跑，偶遇乳制品厂技术员小明，急忙问："听说你们出了一款75℃新产品。"小明得意地说自己正是该项目负责人，滔滔不绝地打开话匣子。

"牛奶中含有免疫球蛋白、乳铁蛋白等生物活性物质，它们可以有效提高人体免疫力，但是会随着热杀菌温度升高而迅速损失。"小明说，"在我们的不懈努力下，我的团队成功地攻克了这个难题！我们发现杀菌温度一旦超过75℃，这些活性营养物质几乎损失殆尽，所以我们把原来的85℃、15s杀菌条件，改为75℃、15s，这10℃的降低，可没那么简单啊，在保证牛奶食品安全的前提下，为了最大限度保留生牛乳的鲜活营养，我们付出了一系列为'鲜'而做的艰苦努力。"

首先出台"新鲜巴氏乳"标准，在国家重点实验室大量研究的基础上，设定免疫球蛋白、乳铁蛋白等五种活性营养成分的质量标准。建立"智慧牧场"，数字化管控每一滴牛乳，奶罐车运输生乳途中，牧场开启"在途"检测，大大缩短生牛乳检测放行时间。另外，制定牧场千分考核细则，打造A级乳源，确保生乳中细菌总数在10万CFU/L以下，远远低于国家标准200万CFU/L。

最值得一提的是，乳制品企业花大力气改造数字化乳制品工厂，建立10万m²的智慧车间，布设5000个传感器、18000个自动控制阀，牛乳加工信息实时传输到中央控制室，每瓶牛乳生产过程的数据可以被清晰地记录下来。

蹲点无人工厂

就拿温度传感器来说吧，它的监测精度高得惊人，甚至可以把杀菌温度的波动范围控制在±0.25℃以内，这样才能做到更大限度地保留牛乳中的免疫球蛋白、乳铁蛋白、乳过氧化物酶等活性营养物质。温度监测点自动感知管道中的牛乳状态，中央控制室操作人员可以在中央控制室的屏幕上观察到监测点，再通过控制灯光闪烁的方阵，使生产整个流程有条不紊地运转。

图3-10　陶瓷膜

为了兼顾"鲜"与食品安全，柔和的巴氏杀菌工艺，搭配陶瓷膜过滤除菌技术，孔径1.4μm的陶瓷膜（图3-10）可低温过滤除菌，最大限度避免高温带来的营养损失，牛乳中的乳铁蛋白、免疫球蛋白、过氧化物酶等对人体有益的活性营养物质更大限度得到了保留，如图3-11所示。

一滴牛乳历经百般呵护终于"穿上"屋顶纸盒包装马上要与消费者见面了，最后一关也马虎不得，放心，企业建立了全程0~6℃冷链，保证巴氏杀菌乳储运销售全过程2~6℃冷藏。

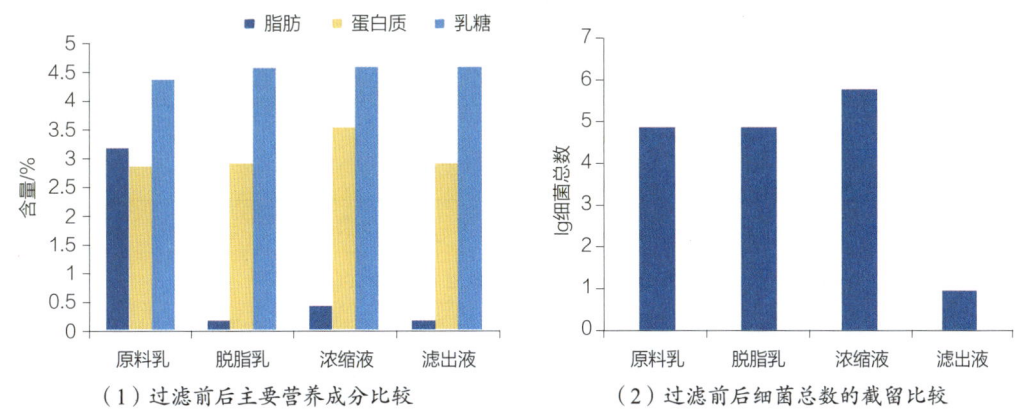

（1）过滤前后主要营养成分比较　　　　（2）过滤前后细菌总数的截留比较

图3-11　陶瓷膜过滤前后原料乳和滤出液中主要营养成分含量及细菌总数的比较

图片来源：光明乳业2019年度社会责任报告。

思考练习

1. 记录巴氏杀菌乳加工过程中温度参数变化情况，填写表3-18。

表3-18　巴氏杀菌乳加工温度参数记录表

工序名称	生乳验收	标准化	均质	杀菌	灌装	储存
记录时间						
温度/℃						

2. 巴氏杀菌乳产品常温存放一周后，是否可以食用？为什么？
3. 请调查一下目前市场上常见的巴氏杀菌乳产品，填写表3-19。

表3-19 巴氏杀菌乳调查表

商品名称	产品描述（包装信息）	生产企业	价格

4. 常温下储存巴氏杀菌乳产品，记录酸度变化情况，填写表3-20。

表3-20 巴氏杀菌乳酸度记录表

储存时间	1d	2d	3d	4d	5d	6d
温度/℃						
滴定酸度						
pH						
感官描述						

表3-8巴氏杀菌乳加工流程与要求，参考答案

加工步骤	加工要求
收入生乳	生乳仓储存时长：≤12 h，生乳仓储存温度：≤6 ℃
分离前预热	温度：52~58 ℃
分离脱脂	生乳中的脂肪部分或全部分离，将其分为两部分脱脂乳和稀奶油
*脱脂乳离心除菌	离心转速：8000 r/min，温度：50~58 ℃
*脱脂乳微滤除菌	微滤（MF）膜压差≤0.12 MPa，脱脂乳脂肪≤0.1%
*稀奶油杀菌	杀菌温度：121~125 ℃，时间15~20 s，出口温度：55~65℃
标准化	脱脂乳和稀奶油等比例混合，蛋白质、脂肪含量控制在产品要求范围内
均质	温度：55~65 ℃，压力：20~25MPa
杀菌	温度：72~75 ℃或85℃时间15~20 s
冷却	温度：≤4 ℃
灌装	灌装下生产线温度：≤6 ℃，灌装下生产线室温暂存时间：≤0.5 h
冷藏	储存温度：≤6 ℃

注：*表示巴氏杀菌乳工艺中非必须项，若为延长产品巴氏乳的保质期才会选用该加工工艺。

任务二 超高温灭菌乳加工

学习目标

1. 能说出超高温灭菌乳定义。
2. 能概述超高温灭菌乳加工工艺流程。
3. 能按产品质量要求完成超高温灭菌乳加工。
4. 能按标准要求完成超高温灭菌乳感官评价。
5. 建立超高温灭菌乳生产安全意识和产品质量意识。

任务描述

超高温灭菌乳能在常温下储存，保质期通常在6～12个月，甚至更长时间。本次学习任务是：全脂超高温灭菌乳加工，包含预处理、超高温灭菌（UHT）、无菌灌装和产品感官评价。

知识准备

一、超高温灭菌乳定义

（GB 25190—2010）《食品安全国家标准　灭菌乳》中规定，超高温灭菌乳是指以生牛（羊）乳为原料，添加或不添加复原乳，在连续流动的状态下，加热到至少132℃并保持很短时间的灭菌，再经无菌灌装等工序制成的液体产品。

超高温灭菌乳按脂肪含量可分为全脂乳、部分脱脂乳和脱脂乳。

二、超高温灭菌乳加工基本过程

超高温灭菌乳加工，主要包括预处理、超高温灭菌（UHT）、无菌灌装三个基本加工过程。

（一）预处理

与巴氏杀菌乳加工相似，超高温灭菌乳加工时，同样需要对生乳进行脱气、净乳、标准化、均质等预处理操作。

在生乳的细菌、嗜冷菌等微生物偏高，或者储存时间过长、设备发生故障等情况下，不能立即进行加工，需进行除菌分离或者预杀菌处理。

另外，若要生产多种口味的超高温灭菌乳，如需添加糖、巧克力等辅料时，应在配料时进行原、辅料指标标准化和原辅料投料。辅料中如有限量物质，则应进行严格管理，必要时可将配料工序设为CCP进行管控。

（二）超高温灭菌（UHT）

超高温灭菌加工是激烈、短促的热处理过程，几乎可以杀死所有的微生物。牛乳经过脱气、净乳、标准化、预杀菌、均质等预处理后，进入杀菌设备完成超高温灭菌。超高温灭菌工序是关键控制点（CCP），通常设定杀菌温度、时间、流量为关键限值，温度为130~140℃，时间2~6s，根据设备生产能力和实际生产量确定流量。杀菌工按照每小时一次的频率记录实时杀菌温度、时间、流量等参数，确保杀菌温度、时间和流量符合工艺要求，出现异常立即汇报领班。为减少微生物污染，对杀菌设备进行OPRP操作。超高温灭菌必须和无菌包装配合才能实现产品在常温下长期保存。

（三）无菌灌装

超高温灭菌后，牛乳在无菌罐中暂存，待无菌灌装系统准备就绪，牛乳在无菌环境中灌注到无菌包材中形成无菌的产品，经过灌装设备的切割和成型后完成整个灌装工序。

产品包装成型过程如图3-12所示，储存在包材仓中的包材通过纸路系统，经过双氧水槽消毒后进入无菌系统，在无菌室内初步成型成纸筒状，被电眼识别为一个完整的包装后，经过夹爪系统将包装封合并剪切成半成品奶包，半成品奶包通过进给装置灌入牛乳，最后进入终端成型系统，形成最终产品。

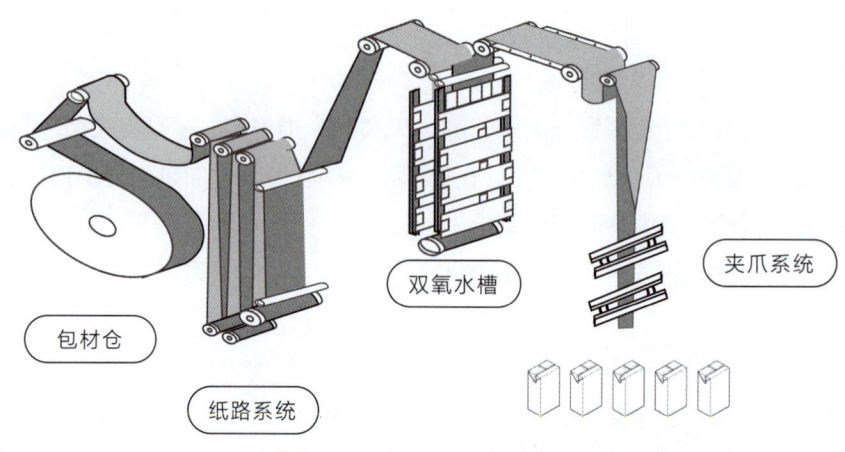

图3-12　产品包装成型过程

无菌灌装过程中，最重要的是保证产品包装完整性。根据不同的产品净含量、包装形状等要求，选择灌装机型号和包材。

三、超高温灭菌乳加工工艺流程

超高温灭菌乳的主要加工工艺流程为：生乳验收→预处理（脱气、均质）→超高温灭菌→灌装→入库，如图3-13所示。

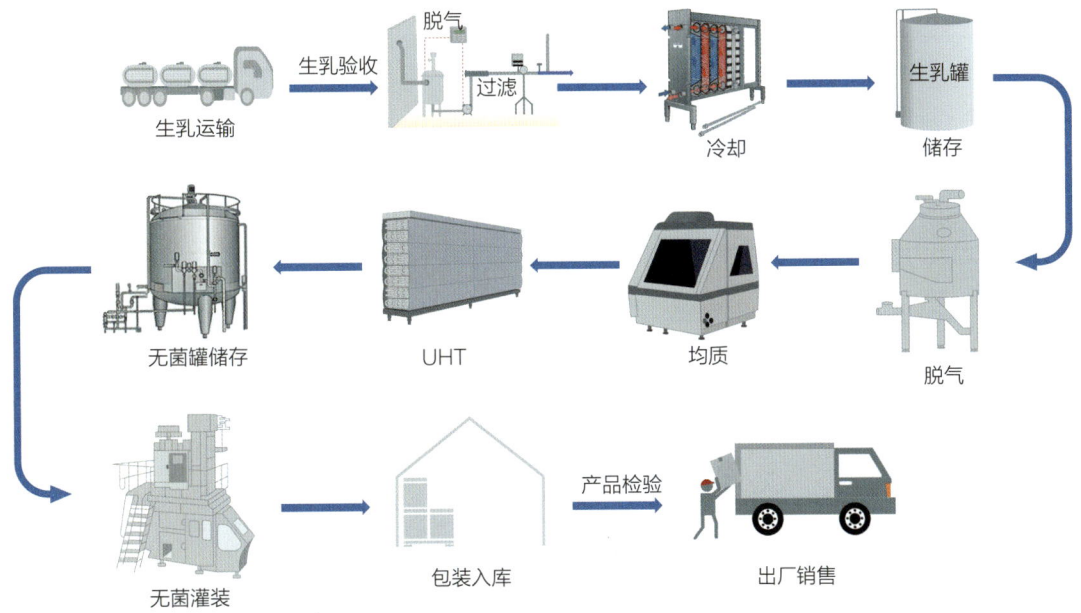

图3-13 超高温灭菌乳设备加工工艺流程

四、超高温灭菌乳质量标准

(一)超高温灭菌乳食品安全国家标准

超高温灭菌乳质量标准要符合(GB 25190—2010)《食品安全国家标准 灭菌乳》中的感官要求、理化指标、污染物限量、真菌毒素和三聚氰胺限量等指标要求,具体要求详见表3-21～表3-24。微生物限量应符合商业无菌的要求,按GB 4789.26—2013规定的方法检验。

表3-21 感官要求

项目	要求	检验方法
色泽	呈乳白色或微黄色	取适量试样置于50mL烧杯中,在自然光下观察色泽和组织状态。闻其气味,用温开水漱口,品尝滋味
滋味、气味	具有乳固有的香味,无异味	
组织状态	呈均匀一致液体,无凝块、无沉淀、无正常视力可见异物	

表3-22 理化指标

项目	指标	检验方法
脂肪[a]/(g/100g) ≥	3.1	GB 5009.6—2016
蛋白质/(g/100g) 牛乳 ≥ 羊乳 ≥	 2.9 2.8	GB 5009.5—2016

续表

项目	指标	检验方法
非脂乳固体/（g/100g）≥	8.1	GB 5413.39—2010
酸度/（°T） 牛乳 羊乳	 12～18 6～13	GB 5009.239—2016

注：a 仅适用于全脂灭菌乳。

表3-23　污染物限量

项目	指标	检验方法
铅（以Pb计）/（mg/kg）≤	0.02	GB 5009.12—2023
铬（以Cr计）/（mg/kg）≤	0.3	GB 5009.123—2023
总汞（以Hg计）/（mg/kg）≤	0.01	GB 5009.17—2021
总砷（以As计）≤	0.1	GB 5009.11—2024

表3-24　真菌毒素和三聚氰胺限量

项目	指标	检验方法
黄曲霉毒素M_1/（μg/kg）≤	0.5	GB 5009.24—2016
三聚氰胺/（mg/kg）≤	2.5	GB/T 22388—2008

（二）全脂超高温灭菌乳感官质量评鉴细则

针对全脂超高温灭菌乳，乳制品行业制定了中国乳制品工业行业规范（RHB 102—2004）《灭菌乳感官质量评鉴细则》，具体评鉴标准见表3-25。

表3-25　全脂灭菌纯牛乳感官质量评分表

项目	特征描述	得分
滋味和气味 （50分）	具有灭菌纯牛乳特有的纯香味，无异味	50
	乳香味平淡，不突出，无异味	45～49
	有过度蒸煮味	40～45
	有非典型的乳香味，香气过浓	35～39
	有轻微陈旧味，乳味不纯或有乳粉味	30～34
	有非牛乳应有的让人不愉快的异味	20～29
色泽 （20分）	具有均匀一致的乳白色或微黄色	20
	颜色呈略带焦黄色	15～19
	颜色呈白色至青色	13～17

续表

项目	特征描述	得分
组织状态（30分）	呈均匀的液体，无凝块，无黏稠现象	30
	呈均匀的液体，无凝块，无黏稠现象，有少量沉淀	25~29
	有少量上浮脂肪絮片，无凝块，无可见外来杂质	20~24
	有较多沉淀	11~19
	有凝块现象	5~10
	有外来杂质	5~10

五、超高温灭菌乳检验

生乳需要取样检测，各项指标合格后，通知车间转入下道工序。另外，在开机生产和生产结束等过程中需要对成品取样检测。

（一）转序检测

杀菌前需对生乳理化指标进行检测，并填写生乳转序单，见表3-26，对照标准检查各项指标是否达到产品原料指标的要求，合格后才可进行转序。

表3-26 超高温灭菌乳生乳转序单

取样时间	缸号	缸温/℃	理化指标		检验员
12:10	A31	3.4	脂肪：3.99 非脂乳固体：9.21	蛋白质：3.33	
			脂肪： 非脂乳固体：	蛋白质：	
			脂肪： 非脂乳固体：	蛋白质：	

每道工序均需取样检测，并填写生产工序转序单，见表3-27，各项指标检测合格后，才能通知车间转入下道工序。

表3-27 超高温灭菌乳生产工序转序单

产品名称	超高温灭菌乳	
上下工序	杀菌工序	灌装
转序理化指标	脂肪：3.99	蛋白质：3.33
	非脂：9.21	酸度：13.1
转序时间	12:19	

续表

产品名称	超高温灭菌乳
操作工签名	
检测员	
结果	
备注	

（二）产品首检

产品开始灌装后，需要对首件产品理化指标进行检测，并对感官指标进行评价，同时记录首检结果，见表3-28。检测合格后产品进行连续灌装生产。

表3-28　首检结果记录

产品名称	打印日期	重量/g	产品温度/℃	酸度/°T	脂肪/%	蛋白质/%	非脂乳固体/%	感官	结论	检测时间	检验员	操作工送样员	领班确认
250mL纯牛乳	2024.03.16	268.9	26	13.1	3.98	3.32	9.2	良	合格	12:15			

（三）产品批量检测

为保证产品质量，在生产过程中每30min需取样10包，比如生产12h，共计取样240包，其中120包样品放入36℃保温库进行保温，保温10d后，划包检测其组织状态、pH、口感等指标，在这10d的保温过程中，每天有专人检查保温情况，发现胀包立即汇报，并对胀包乳进行微生物检测；另外120包放入常温库进行保质期检测，分别在第20天、1个月、2个月、3个月、4个月、5个月、6个月和8个月进行组织状态、pH、口感等指标的追踪检测，随时监控产品在市场上的质量状况。具体每一步的采样数量，可以根据实际质量保证水平情况进行调整。

（四）出厂检测

超高温灭菌乳根据（GB 25190—2010）《食品安全国家标准　灭菌乳》出厂检验，在产品出厂前，对其进行各项指标检测，符合质量标准方可出厂。

任务实施

安全提示

杀菌设备运行期间不要触碰产品加热的管道，容易烫伤，拆检设备时请注意设备是否在生产状态，必须停电、停气、停止生产后，方能拆检。灌装设备有化学灭菌试剂，使用时请注意化学防护。生产时请注意各类安全标识，如图3-14所示，严格执行安全预防措施。

（1）不触碰管道　　（2）停电、停气、停产，方能拆检　　（3）注意化学防护

图3-14　安全标识

活动一　准备工作

一、制定超高温灭菌乳的加工方案

（一）明确超高温灭菌乳的质量标准

查阅乳制品国家标准和相关资料，明确超高温灭菌乳的质量标准，填写表3-29。

表3-29　理化指标

项目	指标	检验方法
脂肪[a]/（g/100g）　≥		GB 5009.6—2016
蛋白质/（g/100g） 牛乳　≥		GB 5009.5—2016
非脂乳固体/（g/100g）　≥		GB 5413.39—2010
酸度/°T 牛乳		GB 5009.239—2016

注：a 仅适用于全脂灭菌乳。

（二）确定加工流程与过程工艺

请填写表3-30，完成全脂超高温灭菌乳工艺流程与工艺条件确认。

表3-30　超高温灭菌乳加工与要求

加工步骤	加工要求
	双联过滤器进行过滤要＿＿＿＿目以上，冷却至＿＿＿℃
	预处理杀菌温度：＿＿℃，时间：＿＿s

续表

加工步骤	加工要求
	杀菌设备消毒灭菌时间：____min
	脱气压力：____MPa
	均质温度：____℃，均质压力：____MPa
	杀菌温度：____℃，时间：____s
	杀菌后冷却温度____℃
	无菌罐十字阀组蒸汽障温度≥____℃
	无菌罐末端阀组蒸汽障温度≥____℃
	双氧水浓度____%

二、原辅料准备

（一）原料准备

同巴氏杀菌乳生产一样，超高温灭菌乳生产也需要选择符合国家食品安全标准的生乳为生产原料。请根据企业超高温灭菌乳理化指标转序标准，见表3-31，检查生乳验收转序质量指标，填写表3-32，完成超高温灭菌乳转序单。

表3-31　某企业超高温灭菌乳理化指标转序标准

产品名称	脂肪	蛋白质	非脂乳固体	酸度/°T	酒精试验	感官
超高温灭菌乳	≥3.1	≥3.0	≥8.1	12~18	阴性	正常

表3-32　超高温灭菌乳转序单

产品名称	超高温灭菌乳					
转序方向	生乳验收——预处理					
理化指标	脂肪/%	蛋白质/%	非脂乳固体/%	总固体/%	水分/%	脂肪占干物质/%
				—	—	—
	蔗糖/%	酸度/°T	酒精试验	感官		黏度
	—		阴性	正常		—
结论						
转序时间	年　月　日					
操作工签名						
检验员签名						
备注						

（二）包材准备

根据本次产量，将需要使用的包材从仓库领取至包材暂存间，使用时从包材暂存间转移到车间现场使用。注意包材暂存间要达到规定的温度、湿度标准要求。

（1）按照先进先出的原则，根据产量领取所需包装材料，填写包装材料领料单，见表3-33，签字确认后将包材领出仓库，领入车间，填写包装材料领入记录，见表3-34。

表3-33　包装材料领料单

领料部门：		日期：		编号：		
物料编号	物料名称	规格型号	批号	单位	数量	备注
领料人：		审批人：		仓管员：		

表3-34　包装材料领入记录

包材名称					
领入日期	订单号	生产日期	编号	领入人	数量

（2）将领用的包装材料拆开外包装，放在包材缓冲区域，随后转移至包材暂存间。

（3）对领取的包材进行初步检查，观察是否有变形、破损、外包装打开的情况，如有异常，及时联系仓库确认更换。

（4）包材转移至暂存间后，对包材暂存区的环境进行监控，填写记录表，保证温度、湿度等都在正常范围内，避免保存不当出现质量问题。

活动二　超高温灭菌乳的加工

一、预处理

（一）脱气、过滤

收乳时，利用脱气罐对生乳进行脱气，去除生乳中的异味，改善和稳定产品口感。脱气后，利用双联过滤器对生乳进行过滤，去除生乳中的杂质。在每车乳收完后，对过滤器进行拆检清洁。

（二）过冷储存

开启冰水阀门，生乳经过板式热交换器进行换热冷却，要求生乳侧的压力大于冰水侧的压力，防止板片渗漏时冰水进入生乳中。检查板片出口温度，确认出口温度≤4℃。冷却后的生乳输送至生乳缸储存，检查生乳缸温度，要求生乳储存温度≤6℃。根据生乳质量确定具体存储时间，要求储存时间≤24h，全程保持间歇搅拌状态，防止脂肪上浮。

（三）预杀菌

当生乳中的嗜冷菌等微生物含量偏高时，或者储存时间过长，或者设备发生故障时，可以进行预杀菌处理。设定预杀菌的参数：温度75~85℃，时间15s。预杀菌后，冷却至6℃以下，输送至生乳缸进行保存，等待进一步加工。

二、超高温灭菌（UHT）

（一）超高温灭菌概述

超高温灭菌生产步骤包括管道灭菌、预热均质、牛乳杀菌、中间清洗（AIC）和原位清洗（CIP）。

1. 管道灭菌概述

牛乳杀菌前，要将杀菌设备管道灭菌，所有管路达到无菌要求，预热段、加热段、杀菌段、冷却段等必须达到灭菌温度和时间要求，以保证灭菌状态。

按照设备消毒控制要求设定管道灭菌参数：灭菌温度137℃，灭菌时间30min。需要连续灭菌，若灭菌过程温度低于要求，则重新计时。管道灭菌完成后，等待物料进入。

2. 预热均质

牛乳物料进入杀菌设备，首先在预热段预热到60℃左右，再进入脱气罐真空脱气，设定脱气参数：真空度要求-0.08~-0.04MPa。脱气后的牛乳进入均质机，均质温度设定为65~85℃，先调二级压力阀使压力表指示为3~5MPa，再调一级压力阀使压力表指示为20~25MPa，使均质机工作压力维持在20~25MPa。

3. 牛乳杀菌

牛乳均质后进入杀菌段，加热至90℃左右，持续60s，进行蛋白质稳定，随后升温到135~139℃，保温4~6s，生产过程中产品压力要大于换热介质压力。巡视检查，确保杀菌机流量不得超过杀菌机额定流量，确保产品杀菌时间。最后冷却到灌装温度20~30℃，等待灌装。

4. AIC

当超高温灭菌累计生产到8~10h或者热水温度与杀菌温度差值达到8℃时，设备要进行水顶，水顶结束后设备保持无菌循环状态，此时选择AIC程序，对杀菌设备进行AIC，清洗后继续保持无菌循环状态，可再次进料。

5. CIP

一批次牛乳全部生产结束后，对杀菌设备进行CIP，清洗结束，准备下批次开机。无论是中间清洗还是全部生产结束时的最终清洗，都需保证流量、温度、浓度等在要求范围内，见表3-35。设备酸碱清洗循环时，从设备取样口取样，检测酸碱浓度，并在清洗消毒原始记录上进行记录，见表3-36。

根据物料的特性、杀菌温度高低，清洗浓度、时间都会有所不同，最终以ATP荧光检测评估结果为准，需要小于30RLU。

表3-35 杀菌设备清洗参数要求

水洗	碱洗（NaOH）				中间水洗	酸洗（HNO$_3$）				最终水洗
时间/s	流量/(L/h)	清洗温度/℃	时间/s	浓度/%	时间/s	流量/(L/h)	清洗温度/℃	时间/s	浓度/%	时间/s
150	≥8	130~140	3000	2.0~2.5	210	≥8	95~105	1200	1.5~2.0	500

表3-36 清洗记录

清洗目标	起止时间	流量/(m^3/h)	清洗过程记录											操作员
			水洗	碱洗（NaOH）				中间水洗	酸洗（HNO$_3$）				最终水洗	
			时间/s	温度/℃	电导率/(mS/cm)	浓度/%	循环时间/s	时间/s	温度/℃	电导率/(mS/cm)	浓度/%	循环时间/s	时间/s	
	~													
	~													
	~													

（二）超高温灭菌（UHT）质量监控

（1）按照表3-37中的质量关键控制点要求，进行超高温灭菌质量监控。

（2）按照杀菌OPRP要求进行OPRP操作。

为减少微生物污染，对杀菌设备进行如下管理操作：

①在每次开机及生产过程中检查产品输送管道无泄漏；

②设备未超10年的，每5年打压一次；设备超10年，每年对产品管道打压一次，压力6~8kg，1h压力下降≤0.5kg（使用压缩空气或水）；

③Δt（热水温度-杀菌温度）≤8℃。

表3-37 UHT质量关键控制点要求

关键控制点（CCP）	显著危害	关键限值	监控				记录	监控人员职责与权限	纠偏		验证
			对象	内容	方法	频率	人员		纠偏行动	纠偏人员	
UHT	生物性	杀菌温度：135～139℃；杀菌时间：4～6s；流量：≤6500L/h	杀菌参数	杀菌温度杀菌流量	监控并记录显示仪表读数	每小时	中控员	《纯乳中控生产原始记录》	1.确保杀菌温度和杀菌流量符合工艺要求并及时做好记录；2.出现异常立即汇报领班	设备清洗消毒，重新灭菌	操作工、机修工、品控员	1.生产领班每批次复核；2.检验室对半成品进行微生物检验；3.品控每年对杀菌时间进行验证

三、无菌灌装

（一）无菌罐储存

为了连续生产的需要，牛乳无菌灌装前可以在无菌罐中暂存，无菌罐是杀菌设备和灌装设备之间的缓冲罐，可以同时供应多台灌装机，如图3-15所示。

无菌罐生产操作主要步骤如下。

1．设备管道填充

确认超高温灭菌设备和无菌罐升温到位，控制系统给进料线信号，随后超高温灭菌设备进料。完成超高温灭菌后，牛乳自动进入无菌罐内，填充无菌罐与灌装线的管道。当无菌罐液位达到设定最低液位时，开始无菌灌装。

2．无菌监控

生产过程中，每小时记录相关的设备参数，填写表3-38，确保各参数在要求范围内，以保证无菌罐的无菌状态，有异常及时汇报处理。

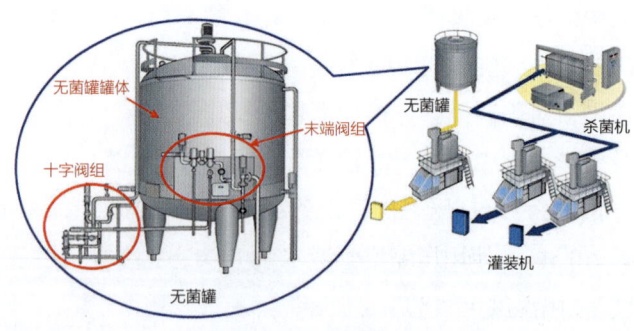

图3-15 无菌罐设备

表3-38 无菌罐生产原始记录

日期	时间	来源	罐内数量/L	罐内压力/MPa（0.12~0.15MPa）	进料阀温度/℃	十字阀组温度/℃（≥110℃）	末端阀组温度/℃（≥110℃）	无菌空气压力/MPa	操作员

3. 设备清洗

当一批次牛乳全部灌装结束，无菌罐空出，对其进行清洗。清洗时，保证流量、温度、电导率等在要求范围内，见表3-39，并在酸碱循环时进行取样检测酸碱浓度，在清洗消毒原始记录上进行记录，见表3-40。

表3-39 无菌罐设备清洗参数要求

水洗	碱洗（NaOH）				中间水冲	酸洗（HNO₃）				最终水冲	流量/(L/h)
时间/s	时间/s	温度/℃	浓度/%	电导率/(mS/cm)	时间/s	时间/s	温度/℃	浓度/%	电导率/(mS/cm)	时间/s	
120	80~100	1.5~2.0	55~110	1800	300	68~88	0.9~1.5	45~75	1200	300	15

表3-40 无菌罐设备清洗记录表

清洗目标	起止时间	流量/(m³/h)	水洗	碱洗（NaOH）			中间水洗	酸洗（HNO₃）			最终水洗	操作员
			时间/s	温度/℃	电导率/(mS/cm)	浓度/%	循环时间/s	时间/s	温度/℃	电导率/(mS/cm)	浓度/%	循环时间/s	时间/s	
	~												
	~												
	~												

（二）无菌灌装

灌装机的生产主要包含升温前准备、升温、生产、包装完整性检查、CIP等操作环节。

1. 灌装机操作

（1）升温前准备 升温前对无菌仓等部位进行检查清洁，清洁后用消毒毛巾擦拭消毒。升温前还要转换产品管道，检查无菌仓、夹爪、纵封小白轮等设备关键部位，并需要检测双氧水浓度。

（2）升温　准备好聚丙烯（PP）条、包材，安装好压力胶条和下灌注管，准备好双氧水，最后将包材在灌装机内按要求放好。一切准备就绪，在操作显示屏进行升温操作。

（3）生产　灌装机升温到位后，查看无菌罐已经有牛乳，且液位达到生产液位，与控制室沟通，确认"生产准备好"，操作灌装机屏幕按钮，开机生产。

（4）包装完整性检查　生产过程中，定时检查包装外观、喷码、重量等。同时要做一系列的封合完好性检查，比如横封撕拉、纵封注射检查、红墨水渗透试验等。

（5）CIP　当一整批次产品全部生产结束，切换清洗管道，对灌装机进行CIP，清洗结束，准备下批次开机。清洗时在原始记录上进行记录，保证流量、温度、电导率等在要求范围内。

2. 按照灌装机无菌灌装质量控制点（CCP点）要求（表3-41），监控无菌灌装操作

表3-41　灌装机无菌灌装质量控制点要求

显著危害	关键限值	监控				记录	监控人员职责与权限	纠偏		验证
		对象	内容	方法	频率	人员			纠偏行动	纠偏人员	
生物性、化学性	双氧水浓度：30%~50%；双氧水浴槽温度：78~90℃；横封功率：490~540W；纵封功率：280~350W；贴条功率：280~350W	灌装参数	浓度、温度、功率	监控并记录显示仪表读数；比重计、量筒进行检测（双氧水浓度）	每小时	操作工	《TBA22包装密封检查及包材损耗记录表》	1.操作工记录显示仪表读数；2.领班抽查；3.机修工排查修复设备；4.品控员抽查	1.参数超出范围停机；2.调整参数；3.对超出关键限制的产品进行扣留评估	操作工、机修工、品控员	1.包装完整性检查；2.生产领班每日对监控记录进行复核；3.检验室对产品进行抽样检测微生物

3. 按照无菌灌装OPRP操作要求（表3-42），进行OPRP操作

表3-42　无菌灌装OPRP操作要求

物理性污染	纯乳成品首件采用离心法，观察（目测法）是否有异物存在
微生物污染	每批次对浮筒进行称重，标准重量-1g≤实际重量≤标准重量
	对无菌空气换热器每年先进行酸泡再打压，打压无气泡。酸泡方法：用50~60℃的5%~10%的硝酸进行浸泡10~12h；打压方法：把无菌换热器浸没于水中，堵住其上的2个口，往第3个口中通3kg压缩空气，看第4个口是否漏气
化学性污染	每批次（首尾检、随机样、换缸样检测）对双氧水残留监控，全脂超高温灭菌乳≤5mg/L

四、包装入库

产品进入包装工段后,贴管机将吸管粘贴在包装上,产品装箱入库。另外,根据工厂的需要,可以选择缓冲塔、自动装箱机等设备。缓冲塔可在产品装箱前提供缓冲作用,防止产品数量过多来不及装箱。自动装箱机可替代人工装箱,节省人力成本。

活动三 超高温灭菌乳的感官评价

一、准备工作

(一)阅读标准

阅读中国乳制品工业行业规范(RHB 102—2004)《灭菌纯牛乳感官质量评鉴细则》中的全脂灭菌纯牛乳感官质量评分标准,见表3-25,了解感官评鉴要求。

(二)样品制备

评鉴前将样品从成品库取出,保证产品是常温,并且包装正常,没有污染或者泄漏的情况。

(三)环境准备

(1)将评鉴实验室室温控制在20~22℃,相对湿度保持在50%~55%,保持通风情况良好,无气味,无噪声。

(2)整理清洁评鉴工作台,保持整洁干净,准备40℃左右的漱口用纯净水。

(3)调节评鉴实验室照明光源,使光线均匀分布在评鉴工作台面上,去除阴影。

二、依据标准感官评分

(一)感官评鉴步骤

1. 取样

将产品包装物剪开,取适量牛乳置于50mL烧杯中。

2. 色泽评鉴

在灯光下观察牛乳的色泽。

3. 滋味和气味评鉴

将所取样品放在鼻子下,闻其气味,并用温开水漱口,品尝滋味。

4. 组织状态观察

取样品于烧杯中,在灯光下观察组织状态,可通过触觉或借助其他工具辅助判定。

(二)感官评价

依据中国乳制品工业行业标准(RHB 102—2004)《灭菌乳感官质量评鉴细则》中的评分标准对全脂超高温灭菌乳产品进行感官评分,填写表3-43。

表3-43　全脂超高温灭菌乳感官评分表

评价指标	特征描述	得分
滋味和气味（50分）		
色泽（20分）		
组织状态（30分）		
合计		

任务评价

请根据表3-44中的评价内容与标准，针对任务实施中的表现，完成评价任务。

表3-44　任务评价表

评价项目	评价内容与标准	评价结果
知识目标	能概述超高温灭菌乳的定义	是☐　否☐
	能说出牛乳超高温灭菌的工艺参数	是☐　否☐
	能概述超高温灭菌乳加工工艺流程	是☐　否☐
能力目标	能完成超高温灭菌操作	是☐　否☐
	能完成无菌罐无菌监控操作	是☐　否☐
	能完成无菌灌装操作	是☐　否☐
	能完成超高温灭菌乳感官评价	是☐　否☐
素养目标	能严格按照操作规程操作	是☐　否☐
	能够完成上下工序的沟通和处理异常问题	是☐　否☐

职场故事

神秘的员工"阀门阵"

小明和同学们跟随老师走进一家世界上最大的乳制品单体工厂，长长的奶罐车、高耸入云的奶仓，令同学们纷纷惊叹规模之巨大。走进参观走廊，小明看到了密密麻麻的管道，四通八达，伸向远方，最大的疑惑是偌大的车间"看不见人、看不见奶"，在那些看起来很复杂的迷宫样的通道里，一滴乳是如何明辨方向、快速通行的呢？

技术人员自豪地说，在"无人工厂"车间，最壮观的莫过于"阀门阵"了，他解释说："阀是调节流体流量、压力和流动方向的装置，生活中最常见的阀就是控制自来水开合的开关了。究竟什么才是"阀门阵"呢？透过乳制品工厂中央控制室的玻璃，可以清楚直观地看到占据中心位置的LED屏幕上，同步呈现了62条流水线，以便实时监测。而中央控制室内，工作人员可以通过控制灯光闪烁的方阵，使生产的整个流程有条不紊地运转。闪烁的方阵，就是乳制品工厂内正在工作的自动阀门所构成的"阀门阵"。

图3-16 "阀门阵"

"阀门阵"由1.8万个自动控制阀组成，如图3-16所示，分布在原料验收、混料、杀菌、待装各环节。"阀门阵"有何作用？技术人员亲切地称它们是"调度员"，它们担当着分配任务的角色，生乳该输送到哪条生产线，全靠阀门一开一合指引方向。不要小瞧这一个个排列整齐的自动阀门，是它们奠定了工厂实现自动化的基础。是它们了实现物料在不同管道之间的切换，保证物料各行其道，井然有序，安全可控。

是谁在指挥"阀门阵"呢？工厂中控室堪称"智能大脑"，这里安装了5000个传感器，分为380个控制项目，最终形成1581个关键质控点，可实现统一调度。技术人员笑着说，我们主要的工作就是负责"连连看"，通过控制阀门、对接管线，让"阀门阵"有效运转，实现对时间、温度、流量的精准控制。

走出乳制品工厂小明若有所思，似乎懂了些什么，日产量2600t，灌装线多达62条，还能做到"零故障、零短停、零损失、零缺陷、零事故"，神秘的员工"阀门阵"功不可没。

思考练习

1. 超高温灭菌乳生产过程中有哪几个CCP点？
2. 超高温灭菌乳保质期长的原因是什么？牛乳产品是否保质期越长越好？
3. 对比超高温灭菌乳和巴氏杀菌乳在工艺、营养成分和储存条件上的区别，填写表3-45。

表3-45 超高温灭菌乳和巴氏杀菌乳对比

产品	工艺	营养成分	储存条件
超高温灭菌乳			温度： 时间：
巴氏杀菌乳			温度： 时间：

表3-30 超高温灭菌乳加工与要求，参考答案（可根据企业要求进行调整）

加工步骤	加工要求
收乳	双联过滤器进行过滤要 120 目以上，冷却至 4 ℃
预处理	预处理杀菌温度：75～85 ℃，时间：15 s
杀菌设备管道灭菌	杀菌设备管道灭菌时间：30 min
脱气	脱气压力：–0.08～–0.04 MPa
均质	均质温度：65～85 ℃，均质压力：20～25 MPa
超高温灭菌	杀菌温度：135～139 ℃，时间：4～6 s
冷却	杀菌后冷却温度 20～30 ℃
无菌罐生产	无菌罐十字阀组蒸汽障温度≥110 ℃
无菌罐生产	无菌罐末端阀组蒸汽障温度≥110 ℃
灌装准备	双氧水浓度 30%～50 %

任务三　酸乳加工

学习目标

1. 能说出酸乳定义与分类。
2. 能概述搅拌型酸乳加工工艺流程。
3. 能按产品质量要求完成搅拌型酸乳制作。
4. 能按标准要求完成搅拌型酸乳感官评价。
5. 建立酸乳生产安全意识和产品质量意识。

任务描述

酸乳是一类营养价值很高的乳制品，种类繁多，备受消费者喜爱。本次学习任务是：以生牛乳为原料，制作一款原味搅拌型酸乳，主要包含加工前的准备工作、原味搅拌型酸乳加工、原味搅拌型酸乳感官评价三部分操作。

知识准备

一、酸乳定义

（GB 19302—2010）《食品安全国家标准　发酵乳》规定：

酸乳是指以生牛（羊）乳或乳粉为原料，经杀菌、接种嗜热链球菌和保加利亚乳杆菌（德氏乳杆菌保加利亚亚种）发酵制成的产品。

风味酸乳是以80%以上生牛（羊）乳或乳粉为原料，添加其他原料，经杀菌、接种嗜热链球菌和保加利亚乳杆菌（德氏乳杆菌保加利亚亚种）发酵前后添加或不添加食品添加剂、营养强化剂、果蔬、谷物等制成的产品。

二、酸乳分类

酸乳的分类按加工方法可分为凝固型酸乳和搅拌型酸乳，其中凝固型酸乳为先灌装，再发酵凝乳得到的酸乳产品，如图3-17所示，如市售老酸奶；搅拌型酸乳为先发酵凝乳，经破乳、灌装得到的酸乳产品，如图3-18所示，如市售八连杯酸乳。按储存方法又可分为低温储存酸乳（即低温酸乳）和巴氏杀菌热处理酸乳（常温酸乳）。

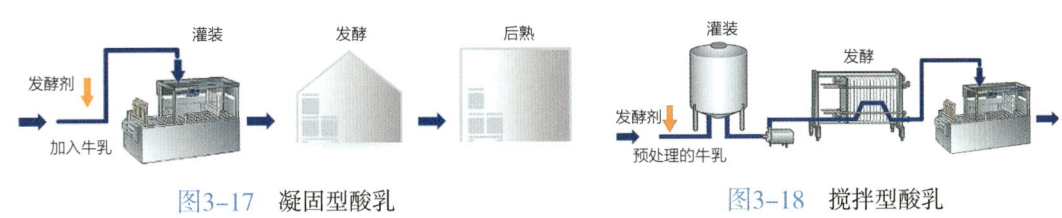

图3-17　凝固型酸乳　　　　　　图3-18　搅拌型酸乳

三、酸乳加工基本过程

酸乳加工主要分为生乳验收、预处理、杀菌、发酵、后熟五个阶段。

（一）生乳验收

用于酸乳加工的生乳不能含有阻碍酸乳发酵的酶类和化学物质，也不能含有抗生素和噬菌体，因此需要进行凝结试验，其他验收项目和方法与模块三任务二巴氏杀菌乳相同。

凝结试验一般采用生乳小样发酵法，如图3-19所示。即将菌种进行稀释溶解后，采用无菌方式定量加入一定体积煮沸灭菌后的牛乳中，在一定的温度下培养一定时间后（通常为3h），轻轻取出，不得对样品瓶摇晃，直接观察样品状态，若凝固得较结实、无乳清析出或有少量乳清析出则判定该生乳可用于生产酸乳。

（二）预处理

预处理阶段依次包括净乳、标准化和配料。净乳和标准化操作同模块三任务二巴氏杀菌乳。配料的流程一般分为领料、核料、准备和投料。配料时常用到甜味剂、增稠剂等食品添加剂作为辅料加入至标准化后的生乳中，如图3-20所示，

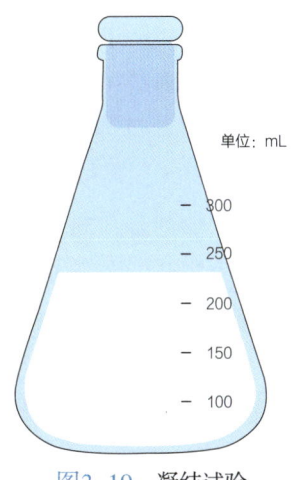

图3-19　凝结试验

辅料的添加量需要依据具体酸乳的品种配方确定。

生产出的酸乳若完全不加糖或甜味剂，则酸味过于浓郁，需要添加糖或甜味剂，使其风味更佳。甜味剂分为天然甜味剂和人工合成甜味剂。天然甜味剂有甜菊糖、甘草等；人工合成甜味剂有糖精、安赛蜜、阿斯巴甜等。甜味剂通常化学性质稳定，低热量或无热量，不会引起蛀牙和血糖

酸乳

配料：
生牛乳、白砂糖、保加利亚乳杆菌、嗜热链球菌、果胶、羟丙基二淀粉磷酸酯

图3-20 常见配料和食品添加剂

波动。酸乳配料表中常见的白砂糖、果糖、蔗糖等糖类物质，通常被视为食品配料，不属于甜味剂。目前，市售的无糖或低糖酸乳，一般都会使用高甜度的甜味剂来代替糖类物质。

酸乳在加工储运过程中，尤其是在搅拌过程中会出现黏度变低、口感粗糙、乳清析出等不同程度的质量问题，增稠剂则能较好地改善这些问题。酸乳中的增稠剂有的由含有多糖类黏质物的植物和藻类制取，如淀粉、果胶、琼脂和海藻酸等。也有从含蛋白质的动物原料中提取的物质，如明胶、干酪素、壳聚糖等。还有人工合成的，如聚丙烯酸钠、羟丙基二淀粉磷酸酯。

（三）杀菌

酸乳的杀菌条件通常为90~95℃、5min，如果温度过高，会影响酸乳的口感和营养成分，同时也会降低酸乳的质量。在这样的条件下，乳清蛋白变性70%~80%，尤其是主要的乳清蛋白——β-乳球蛋白会与κ-酪蛋白相互作用，使酸乳成为一个稳定的凝固体。

（四）发酵

1. 接种

杀菌后的乳需立即降温到发酵剂菌种最适生长温度，接种乳酸发酵剂。接种操作需严格执行无菌操作原则，接种量要根据菌种活力、发酵方法、生产时间的安排和混合菌种配比的不同而定，通常在2%~4%。目前常用的直投式发酵剂仅需按照菌种供应商或者配方中的规定进行投料。

乳酸菌的秘密——酸奶生产中的接种

发酵剂是指用于酸乳、干酪、纳豆等发酵产品生产的微生物培养物，许多微生物都可以作为发酵剂使用。酸乳最常用的菌株为嗜热链球菌和保加利亚乳杆菌，实践研究表明，这两种菌的比例及其他菌株的加入都会直接影响酸乳成品的风味和质地。

嗜热链球菌，如图3-21所示，属于同型乳酸发酵菌，可利用乳糖、蔗糖等快速产生乳酸。发酵过程中，嗜热链球菌还可产生大量胞外多糖，能改善酸乳的品质。此外，嗜热链球菌对胃酸、胆盐有耐受性，研究表明，在pH=3的酸性溶液中，其存活率能高达70%，能有效调节肠道微生态环境。同时，嗜热链球菌还具有调节血压、延缓衰老、改善乳糖不耐受的作用。

保加利亚乳杆菌，如图3-22所示，不仅能分解乳糖产生乳酸，还可分解蛋白质产生

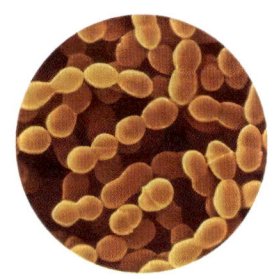
图3-21 嗜热链球菌

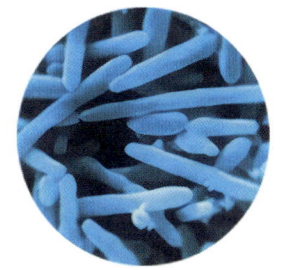
图3-22 保加利亚乳杆菌

多肽和氨基酸，使脂肪分解成脂肪酸，产生特殊的香气，赋予酸乳独有的风味。

将嗜热链球菌和保加利亚乳杆菌混合培养能互相促进。保加利亚乳杆菌分解酪蛋白，游离出的氨基酸为嗜热链球菌的生长提供了营养物质，而嗜热链球菌产生的甲酸，能促进保加利亚乳杆菌的生长。

酸乳发酵剂按照物理形态的不同，可分为液体发酵剂、冷冻发酵剂和干燥发酵剂（直投式发酵剂）三种。目前应用较多的为直投式发酵剂。投放量依据菌种供应商的推荐剂量进行投放，如丹尼斯克乳酸菌粉的投放量通常在200dcu（菌种活力单位）/t酸乳。

2. 发酵

发酵温度一般为40~45℃，发酵时间为5~8h（直投式发酵剂）。研究表明，嗜热链球菌的最适生长温度为40~42℃，保加利亚乳酸杆菌为42~45℃。因此，当温度在40~45℃，两类菌种生长旺盛，发酵后的酸乳口感和风味达到最佳。但不同的菌株有不同的配比和发酵温度，因此生产厂家应根据具体所用菌株的特性来确定最佳发酵条件。

发酵终点的判断是酸乳生产的关键性技术之一，一般可依据以下条件来判断：酸度达到68~70°T，黏度在0.6~1.2Pa·s时停止发酵。可通过采样阀取样测酸度和黏度，具体发酵后黏度范围较大，与产品的配方关系较大。取样时间依据既往发酵时间达到的酸度确定，接近终点时进行取样，取样不能频繁，过多的取样会引起取样阀处局部的乳清析出，导致测定数据不准确。因此发酵终点的规律需要经过实践探究。

黏度是酸乳生产过程中最重要的控制项目之一，也是评价酸乳质量的重要指标。牛乳经过一段时间的发酵，由液态变成了凝乳状态，具有较高的黏度。实际生产过程中，由于搅拌型酸乳发酵结束后需要翻缸，还需要对翻缸后的酸乳黏度进行检测控制。黏度测定的方法比较简单，采样后立即用黏度计，如图3-23所示，在室温条件下测定即可。不同厂家不同型号黏度计的操作步骤不同，可根据说明书进行操作。

粘度计的使用

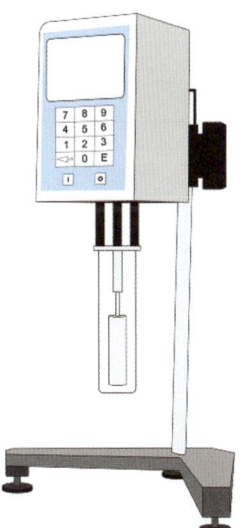
图3-23 黏度计

3. 终止发酵

终止发酵的步骤为：破乳、翻缸。一般破乳时间为30s~2min。破乳就是对凝乳施加剪切力，通过机械力破碎凝胶体，使凝胶体的粒子直径达到0.01~0.4mm，并使酸乳的硬度、黏度及组织状态发生变化。搅拌法是破碎凝乳最常用的方法。破乳结束后，需将酸乳从发酵罐转移至缓存罐，该操作称为翻缸。为了控制发酵酸度，翻缸的同时还需要冷却，通常翻缸后，酸乳需降温至18~22℃。该温度范围主要是为了降低后续灌装对黏度的剪切力，保证黏度在冷库储存时尽快恢复。翻缸后需要测定酸乳的黏度和酸度，一般黏度需≥0.2Pa·s（视产品配方而不同），酸度在70~80°T。

（五）后熟

灌装好的酸乳应立即放至2~6℃冷藏库，以抑制乳酸菌的继续生长，避免过度发酵而造成酸度过高；此外，在冷藏期间，酸乳的酸度仍会有所上升，风味成分（如双乙酰）含量会有所增加。冷却24h后，双乙酰含量达到最高，可以出库发货。这种在贮藏过程中风味物质大量增加的过程称之为后熟。

四、酸乳加工工艺流程

（一）搅拌型酸乳加工工艺流程

生乳→预处理→杀菌→冷却→接种→发酵→搅拌（破乳）→翻缸、冷却→灌装（18~22℃）→冷藏后熟，如图3-24所示。

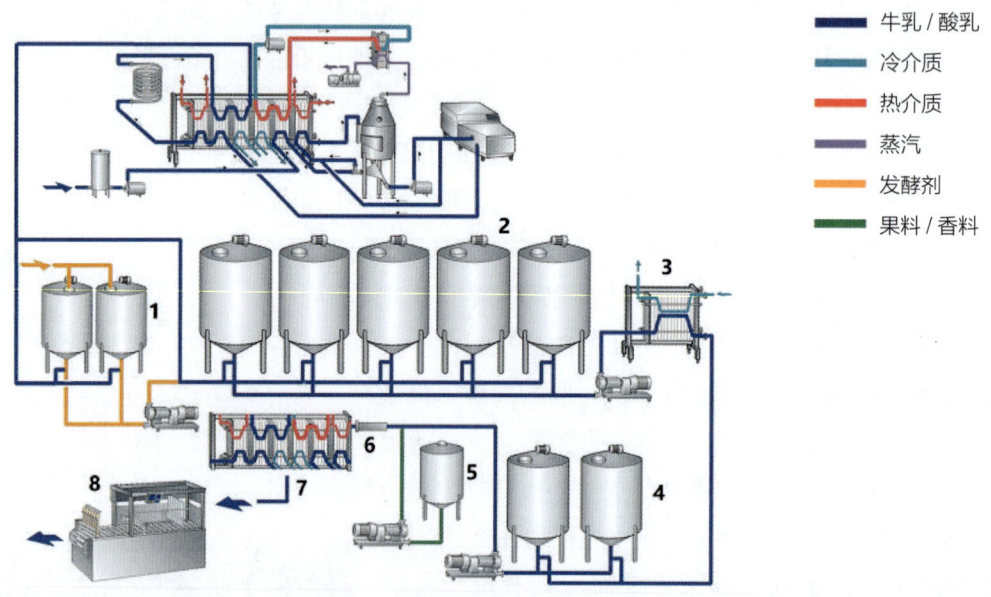

图3-24 搅拌型酸乳加工工艺流程
1—生产发酵剂罐 2—发酵罐 3—板式热交换热器 4—缓冲罐 5—果料/香料罐 6—混合器 7—二次杀菌 8—包装

(二)凝固型酸乳加工工艺流程

生乳→预处理→杀菌→冷却→接种→灌装→发酵室发酵（40~44℃）→冷藏后熟，如图3-25所示。

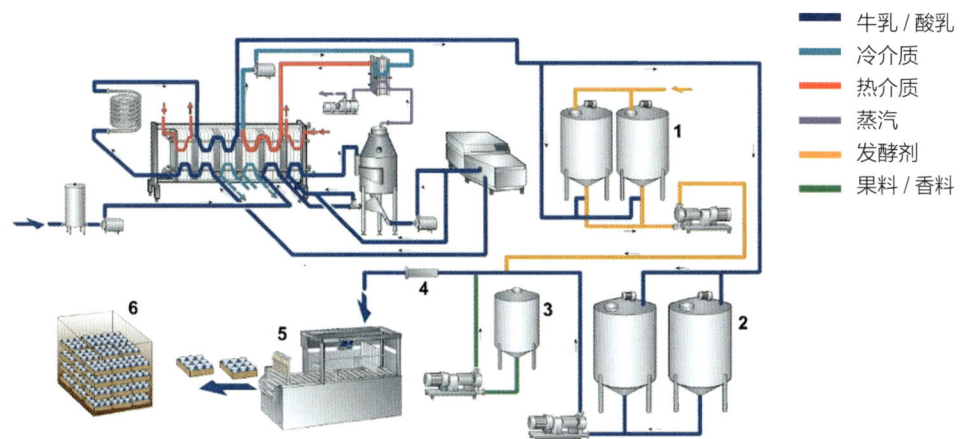

图3-25 凝固型酸乳加工工艺流程
1—生产发酵剂罐 2—缓冲罐 3—果料/香料罐 4—混合器 5—包装 6—培养

(三)常温酸乳加工工艺流程

生乳→预处理→杀菌→冷却→接种→发酵→搅拌（破乳）→翻缸、冷却→二次杀菌→灌装（28~30℃），如图3-26所示。

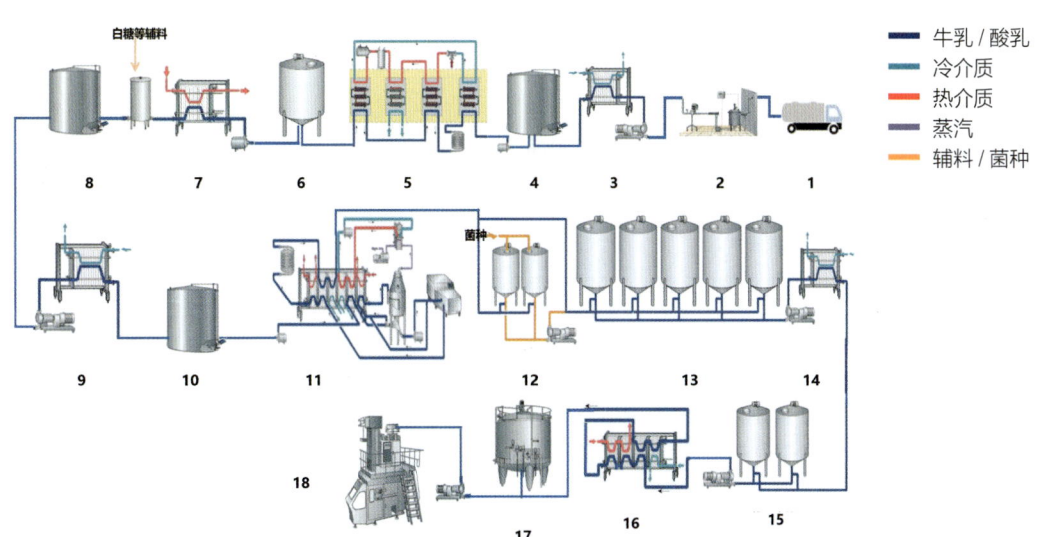

图3-26 常温酸乳加工工艺流程
1—奶车 2—生乳脱气 3—生乳冷却 4—生乳储存 5—杀菌设备 6—缓冲罐 7—牛乳加热 8—辅料配料 9—物料冷却 10—物料中储 11—物料杀菌 12—菌种添加 13—牛乳发酵 14—牛乳翻缸过冷 15—酸乳中储 16—酸乳杀菌 17—酸乳中储 18—酸乳灌装

五、酸乳质量标准

（一）食品安全国家标准

酸乳质量标准要符合（GB 19302—2010）《食品安全国家标准　发酵乳》中的感官要求、理化指标、微生物限量及乳酸菌数等指标要求，见表3-46 ~ 表3-49。

表3-46　感官要求

项目	要求		检验方法
	发酵乳	风味发酵乳	
色泽	色泽均匀一致，呈乳白色或微黄色	具有与添加成分相符的色泽	取适量试样置于50mL烧杯中，在自然光下观察色泽和组织状态。闻其气味，用温开水漱口，品尝滋味
滋味、气味	具有发酵乳特有的滋味、气味	具有与添加成分相符的滋味、气味	
组织状态	组织细腻、均匀，允许有少量乳清析出；风味发酵乳具有添加成分特有的组织状态		

表3-47　理化指标

项目	指标		检验方法
	发酵乳	风味发酵乳	
脂肪[a]/（g/100g）≥	3.1	2.5	GB 5009.6—2016
非脂乳固体/（g/100g）≥	8.1	—	GB 5413.39—2010
蛋白质/（g/100g）≥	2.9	2.3	GB 5009.5—2016
酸度/°T ≥	70.0		GB 5009.239—2016

注：a 仅适用于全脂产品。

表3-48　微生物限量

项目	采样方案[a]及限量（若非指定，均以CFU/g或CFU/mL表示）				检验方法
	n	c	m	M	
大肠菌群	5	2	1	5	GB 4789.3—2016平板计数法
金黄色葡萄球菌	5	0	0/25（mL）	—	GB 4789.10—2016定性检验
沙门氏菌	5	0	0/25（mL）	—	GB 4789.4—2024
酵母　≤	100				GB 4789.15—2016
霉菌　≤	30				

注：a 样品的分析与处理按GB 4789.1—2016和GB 4789.18—2024执行。

表3-49　乳酸菌数

项目	限量/[CFU/g（mL）]	检验方法
乳酸菌数[a] ≥	1×10^6	GB 4789.35—2023

注：a 发酵后热处理的产品对乳酸菌数不作要求。

污染物限量应符合GB 2762—2022的规定。真菌毒素限量应符合GB 2761—2017的规定。

(二)典型酸乳质量标准

酸乳的食品安全国家标准是通用质量标准,乳制品行业制定了中国乳制品工业行业规范(RHB 104—2020)《发酵乳感官评价细则》,见表3-50。

表3-50　搅拌型酸乳感官质量评鉴细则

项目	特征	得分
色泽[a] (20分)	色泽均匀一致,呈乳白或乳黄色,或谷物、果料、蔬菜等的适当颜色	12~20
	非添加原料来源的深黄色或灰色	4~11
	非添加原料来源的有色斑点或杂质,或其他异常颜色	0~3
滋味和气味[b] (40分)	纯正的乳味,具有自然的发酵风味和气味,或具有添加的谷物、果料、蔬菜等原料或特殊工艺(如焦糖化)来源的特征风味,酸甜比适中	31~40
	自然的发酵风味不够,或添加的谷物、果料、蔬菜等原料或特殊工艺(如焦糖化)来源的特征风味不够,略酸或略甜	21~30
	乳味不够,自然的发酵风味差,或添加的谷物、果料、蔬菜等原料或特殊工艺(如焦糖化)来源的特征风味差,有苦味,过酸或过甜	5~20
	特征风味错误或没有风味,不愉悦的气味	0~4
组织状态 (40分)	组织细腻、均匀,良好的黏稠度,顺滑、无粉涩感、乳脂感强,无气泡、无乳清析出; 含有谷物、果料、蔬菜等颗粒的,颗粒口感适中	31~40
	稍有粉感涩感、乳脂感弱,有少量气泡出现或轻微的乳清析出; 含有谷物、果料、蔬菜等颗粒的,颗粒口感略软和略硬	21~30
	组织粗糙,肉眼可见轻微的颗粒,较明显的粉涩感、无乳脂感,有明显气泡出现或明显乳清析出; 含有谷物、果料、蔬菜等颗粒的,颗粒口感偏软或偏硬	5~20
	组织粗糙,严重的肉眼可见的颗粒、严重的粉涩感、有大量的气泡出现或严重的乳清析出; 含有谷物、果料、蔬菜等颗粒的,颗粒口感太软或太硬	0~4

注:a 对于使用焦糖化工艺的发酵乳色泽应均匀一致、呈褐色。
　　b 滋味和气味不涉及甜味的,只对酸味进行评价。

▶ 任务实施

⚠ 安全提示

搅拌型酸乳加工过程存在高温烫伤、机械压伤等潜在风险,请熟记防止高温烫伤、防止机械伤害、当心触电等安全标识,如图3-27所示,严格执行安全预防措施,避免直接接触杀菌设备部件。

（1）防止高温烫伤　　　（2）防止机械伤害　　　（3）当心触电

图3-27　安全标识

活动一　准备工作

一、制定原味搅拌型酸乳加工方案

（一）明确搅拌型酸乳产品质量标准

查阅《乳品科学百科全书》、（GB 19302—2010）《食品安全国家标准　发酵乳》等酸乳相关资料，明确搅拌型酸乳产品的质量标准，填写表3-51。

表3-51　原味搅拌型酸乳质量标准

质量标准	要求与指标
感官要求	色泽：_____　　组织状态：_____ 滋味气味：_____
理化指标	脂肪：_____　　非脂乳固体：_____ 蛋白质：_____　　酸度：_____
污染物限量	
真菌毒素限量	
微生物限量	大肠菌群：_____　　金黄色葡萄球菌：_____ 沙门氏菌：_____　　酵母：_____　　霉菌：_____

（二）确定加工流程与过程工艺

查阅资料，确定搅拌型酸乳的工艺流程和条件，完成表3-52。

表3-52　原味搅拌型酸乳加工流程与要求

加工步骤	加工要求
	标准化至脂肪/非脂乳固体比率：_____
	杀菌温度：____℃，时间：____s，冷却至____℃
	按照____接种量添加发酵剂，于温度：____℃下，发酵____h
	酸度达到____°T后终止发酵

续表

加工步骤	加工要求
	将发酵完成的酸乳冷却至____℃灌装
	在____℃下存放____h进行后熟

二、原辅料准备

（一）原料准备

请根据《GB 19301—2010食品安全国家标准　生乳》，检查生乳验收转序单质量指标，填写表3-53，完成生乳转序单。

表3-53　生乳转序单

产品名称	原味搅拌型酸乳					
转序方向	生乳验收——预处理					
理化指标	脂肪/%	蛋白质/%	非脂乳固体/%	总固体/%	水分/%	脂肪占干物质/%
				—	—	—
	蔗糖/%	酸度/°T	酒精试验	感官	黏度	
	—		阴性	正常	—	
结论						
转序时间	年　　月　　日					
操作工签名						
检验员签名						
备注						

（二）发酵剂准备

领取酸乳加工用发酵剂，选择冷冻干燥的直投式菌种，根据发酵剂商品上推荐的发酵剂添加量，如图3-28所示，进行投料。在投料前需要进行活力检查鉴定，合乎要求才可使用。

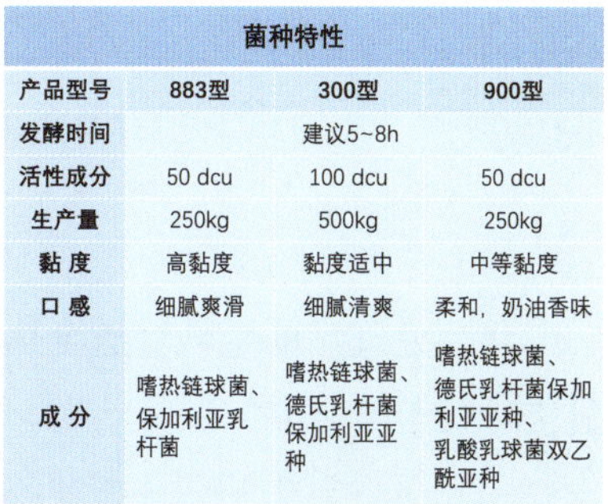

（三）完成配料单

1．计算白砂糖的添加量

搅拌型酸乳的白砂糖添加量是生乳的5%～8%，

菌种特性			
产品型号	883型	300型	900型
发酵时间	建议5~8h		
活性成分	50 dcu	100 dcu	50 dcu
生产量	250kg	500kg	250kg
黏度	高黏度	黏度适中	中等黏度
口感	细腻爽滑	细腻清爽	柔和，奶油香味
成分	嗜热链球菌、保加利亚杆菌	嗜热链球菌、德氏乳杆菌保加利亚亚种	嗜热链球菌、德氏乳杆菌保加利亚亚种、乳酸乳球菌双乙酰亚种

图3-28　发酵剂商品

因此10kg的生乳，白砂糖添加量为0.5~0.8kg。酸乳中使用稳定剂的主要目的是提高酸乳的黏稠度并改善质地、状态与口感。除果胶、明胶、淀粉添加量为10g/kg外，其余稳定剂允许的最大添加量为5g/kg，请注意食品添加剂的添加量必须符合（GB 2760—2024）《食品安全国家标准　食品添加剂使用标准》的添加要求。

2．根据计算完成配料单，填写表3-54

表3-54　原味搅拌型酸乳配料单

配料名称	数量	备注
生乳	10kg	符合国家标准
发酵剂		嗜热链球菌和保加利亚乳杆菌的比例1∶1或2∶1
白砂糖		符合GB/T 317—2018要求
增稠剂		符合GB 2760—2024要求

3．配料的具体操作流程见表3-55

表3-55　配料的操作流程

配料流程	具体步骤
领料	按领料单领取相应的辅料，缓冲间存放离地隔墙、按品种摆放
核料	1. 核对品名、批号、数量，尤其是限量物质的添加 2. 穿好防护服、戴好口罩、手套、对原辅料进行除尘和去掉塑料袋上的绳子、带子等防异物处理
准备	1. 检查配料缸、配料管道、储存缸、目标缸CIP是否超时，检查过滤网是否有杂质 2. 检查板片热水或者冰水、蒸汽、压缩空气是否正常
投料	根据配方中的生产品种、数量仔细对所用原料进行感官检验和数量复核并记录

活动二　**原味搅拌型酸乳加工**

一、杀菌

将预处理后的生乳输送至热交换器加热至90~95℃，保温5min进行杀菌。杀菌后的牛乳需冷却至40~45℃。

二、发酵

（一）接种

采用无菌操作接种发酵剂至冷却后的牛乳中，开启搅拌，使发酵剂和牛乳混合均匀，如图3-29所示，接种的具体操作流程见表3-56。

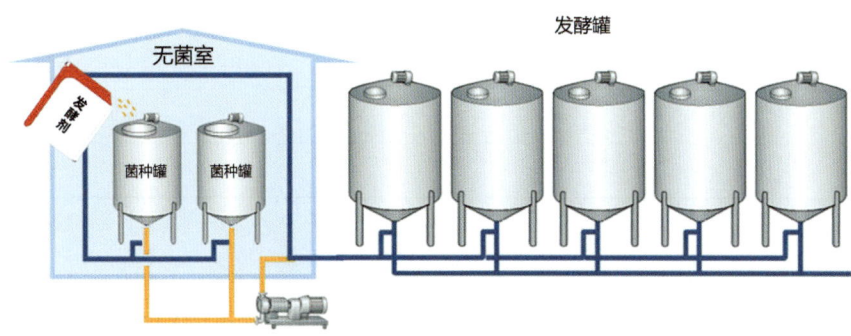

图3-29 接种

表3-56 接种的操作流程

操作流程	具体步骤
核对菌粉	核对菌粉批号、数量、菌粉种类
投入菌粉	取出已核对好的菌粉至无菌间，戴上一次性手套、口罩、眼罩、防护服，菌粉外包装经过酒精消毒
	在无菌间中，拆开菌粉包装袋，倒入菌粉投放器，经过管道进入发酵缸内
	设定仪器自动搅拌5～10min后停止搅拌

（二）发酵

设定发酵条件为42～43℃。在整个发酵过程中，要定时查看发酵罐温度，如图3-30所示，确保温度的恒定。使用直投式菌种时，培养时间一般需要4～6h。

参考上一班次发酵时间，提前半小时开始测酸度，如图3-31所示，同时测定黏度，每隔10min测一次，记录测定结果至表3-57，直至酸度68～70°T，黏度0.6～1.2Pa·s。

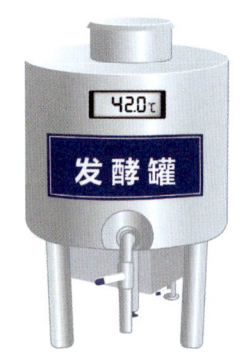

图3-30 查看发酵温度

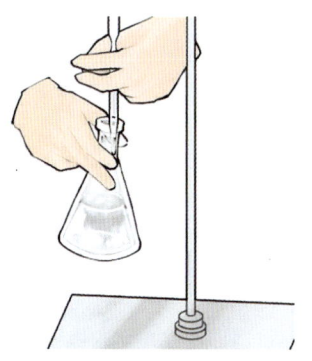

图3-31 酸度测定

表3-57 酸度测定记录表

记录时间	发酵温度/℃	酸度/°T	黏度/Pa·s	记录人

（三）发酵终止

当酸度和黏度达到要求范围时，迅速降温，同时转动发酵罐内的搅拌桨，搅拌2min进行破乳，如图3-32所示，注意搅拌必须采用合适的剪切力。

破乳结束后，进行翻缸。翻缸后的酸乳在灌装前一般会被打入缓冲罐暂存。具体操作流程见表3-58。翻缸的同时对酸乳进行冷却，降温至15～22℃。测定翻缸后酸乳的温度、黏度和酸度，填写表3-59。

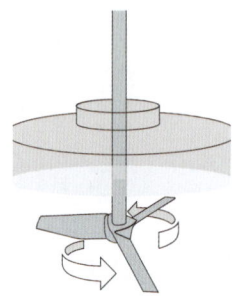

图3-32 破乳

表3-58 翻缸的操作流程

操作流程	具体步骤
翻缸准备	在发酵结束前2h申请翻缸管道、"翻缸入"缸消毒，并确认已消毒好
	用连接管连接无菌水缸和翻缸管道
	打开无菌水缸底阀和手动阀
	翻缸管道截止阀末端接排水阀并打开
	打开翻缸控制系统，点击手动控制"启动"
	手动开启机封冷却水阀，再开启翻缸泵，降温结束后先关翻缸泵，再关机封冷却水，最后打开翻缸控制系统手动停止，等待翻缸
	关闭无菌水缸底阀和手动阀
	关闭"翻缸入"缸的采样阀，打开冰水阀门

续表

操作流程	具体步骤
翻缸	用连接管接"翻缸出"缸到"翻缸出"管道上
	发酵好的缸选择"翻缸出",要翻的缸选择"翻缸入"(底阀自动开)
	发酵好的缸显示"正在翻缸出"和要翻的缸显示"正在翻缸入"
	打开"翻缸出"手动阀
	开泵(乳顶水),打开冰水手动阀
	等排水管出现乳时打开"翻缸入"缸的手动阀
	关闭排水阀,至翻缸结束
	结束后水顶乳,用无菌水压乳,打开缸底阀
	等透视管变成乳水混合物
	关闭翻缸泵,关掉"翻缸入"缸底阀
	关掉无菌水缸底阀

表3-59 翻缸后的测定结果

工序/指标	温度/℃	酸度/°T	黏度/Pa·s	记录人
翻缸后				

三、冷藏后熟

灌装好的酸乳立即放至2~6℃冷藏库冷藏1~2d,待抽检合格后出售。

活动三 原味搅拌型酸乳感官评价

一、准备工作

(一)阅读标准

阅读中国乳制品工业行业标准(RHB 104—2020)《发酵乳感官评鉴细则》,重点阅读人员要求、评鉴方法、评鉴要求、数据处理等必要性条文。

(二)样品制备

评鉴前将样品从冷藏环境中取出(常温产品置于室温环境即可),轻微搅拌均匀后取30 g左右样品置于透明无味的品评杯中。冷藏产品评鉴时样品温度控制在10~15℃,常温产品评鉴时样品温度控制在20~25℃。

(三)环境准备

(1)将评鉴实验室室温控制在20~22℃,相对湿度保持在50%~55%,保持通风情况良好,无气味,无噪声。

（2）整理清洁评鉴工作台，保持整洁干净，准备漱口用40℃左右的纯净水。

（3）调节评鉴实验室照明光源，将光线均匀分布在评鉴工作台面上，去除阴影。

二、依据标准感官评分

（一）原味搅拌型酸乳感官评价步骤

1. 色泽

在灯光下观察色泽、组织状态，进行酸乳色泽、组织状态的评分。

2. 滋味和气味

取50g样品，先闻气味，然后用温开水漱口，再品尝样品的滋味。

（二）原味搅拌型酸乳感官评分

依据中国乳制品工业行业标准（RHB 104—2020）《发酵乳感官评鉴细则》中的评分标准对酸乳产品进行感官评分，完成表3-60。

表3-60　原味搅拌型酸乳感官评分表

评价指标	特征描述	得分
色泽（20分）		
滋味、气味（40分）		
组织状态（40分）		
总计得分		

任务评价

请根据表3-61中的评价内容与标准，针对任务实施中的表现，完成评价任务。

表3-61　任务评价表

评价项目	评价内容与标准	评价结果
知识目标	能概述酸乳概念	是□ 否□
	能说出搅拌型酸乳一般工艺流程	是□ 否□
	能说出酸乳加工过程中常用添加剂的作用与使用方法	是□ 否□
能力目标	能完成原味搅拌型酸乳加工准备工作	是□ 否□
	能完成原味搅拌型酸乳接种工作	是□ 否□
	能判断原味搅拌型酸乳的发酵终点，并及时终止发酵	是□ 否□
	能完成原味搅拌型酸乳感官评价	是□ 否□
素养目标	养成遵守食品安全操作规范的习惯	是□ 否□

📄 职场故事

东方"菌"，中国"芯"

酸乳加工的核心技术是选育菌种，国内乳制品企业生产酸乳所用的乳酸菌菌种大多是"洋菌种"，菌种采集、培育、分离技术几乎由国外企业垄断。1996年，中国乳业开始进行乳酸菌领域的科学研究，2008年，借助神舟七号飞船，乳酸菌（植物乳杆菌ST-Ⅲ）进入太空，接受高强度短波辐射、高真空、极度干燥等环境应激实验。2014年中国乳业与中国探月工程合作，开展乳酸菌太空搭载工作，建立了中国人自己的乳酸菌菌种资源库。

菌种变异是一个漫长的过程，地球环境中几百年才可能出现的变异，在太空或许几天就能实现，乳制品专家认为，太空中微重力的环境和辐射都会导致乳酸菌发生变异，使其富有特定的功能，乳酸菌"上天"是具有科学探索价值的"搭车"试验，借助太空环境能大大缩短菌株育种时间，提高育种效率。

随着中国空间站的建立，更多的菌种飞入太空，短暂旅居后返回地球，研究人员会对菌株进行发酵特性、风味特性、功能性代谢产物及遗传稳定性等方面的针对性筛选，以获得更优质的乳酸菌菌种。与此同时通过研究不同菌株间的培养发酵系统，开发出更具特色的、适合中国人体质的产品。

中国乳制品人通过几十年艰辛努力，终于打破了洋菌种长期垄断的状况，实现了中国人拥有中国"芯"菌种的梦想。

📖 思考练习

1. 请调查一下目前市场上常见的酸乳使用的发酵剂中都含有哪些菌种、含量为多少，填写表3-62。

表3-62　酸乳发酵剂调查表

商品名称	菌种名称	含量	价格

2. 你知道常温酸乳和低温酸乳有什么不同吗？请对比常温酸乳和低温酸乳的加工工艺、储存温度和乳酸菌含量，填写表3-63。

表3-63　低温酸乳与常温酸乳对比表

对比指标	低温酸乳	常温酸乳
加工工艺		
储存温度		
乳酸菌含量		

表3-52原味搅拌型酸乳加工流程与要求，参考答案

加工步骤	加工要求
标准化	标准化至脂肪/非脂乳固体比率：3.1/8.1
杀菌	杀菌温度：95 ℃，时间：300 s，冷却至40～45 ℃
发酵	按照2%～4%接种量添加发酵剂，于温度：40～45 ℃下，发酵4～6 h
发酵终止	酸度达到70 °T后终止发酵
灌装	将发酵完成的酸乳冷却至15～20 ℃灌装
后熟	在10 ℃下存放24～48 h进行后熟

任务四　干酪加工

学习目标

1. 能说出干酪定义与分类。
2. 能概述干酪加工工艺流程。
3. 能按产品质量要求完成切达干酪制作。
4. 能按照标准要求完成切达干酪感官评价。
5. 建立干酪生产安全意识和产品质量意识。

任务描述

干酪是一类营养价值极高的发酵乳制品，种类繁多，备受消费者喜爱。本次学习任务是：以生牛乳为原料，制作切达干酪，主要包含加工前的准备工作、切达干酪加工、切达干酪感官评价三部分。

知识准备

一、干酪定义

干酪，又称芝士、乳酪或奶酪，英文名Cheese，是指以牛乳、稀奶油、部分脱脂乳、酪乳或这些产品的混合物为原料，添加发酵剂、凝乳酶等辅料，经过凝固、排出乳清等生产工序而制成的新鲜或发酵成熟的乳制品。

二、干酪分类

干酪可以按水分含量、脂肪含量、成熟方法、是否压榨等进行分类。（GB 5420—2021）《食品安全国家标准 干酪》中，按水分含量把干酪分为软质、半硬质、硬质和特硬质干酪四大类；按脂肪含量把干酪分为高脂、全脂、中脂、部分脱脂、脱脂干酪五大类，见表3-64。

表3-64 干酪分类表

分类依据	分类依据	分类依据
水分占干酪无脂总重量的百分比[a]/%	软质	>67
	坚实/半硬质	54~69
	硬质	49~56
	特硬质	<51
干物质中的脂肪含量百分比[b]/%	高脂	≥60
	全脂	≥45，<60
	中脂	≥25，<45
	部分脱脂	≥10，<25
	脱脂	<10

注：a 水分占干酪无脂总重量的百分比 = $\dfrac{\text{干酪中水分重量}}{\text{干酪总重量} - \text{干酪中脂肪重量}} \times 100\%$。

b 干物质中的脂肪含量百分比 = $\dfrac{\text{脂肪}}{\text{总重量} - \text{水分}} \times 100\%$。

三、干酪加工基本过程

干酪加工一般可以分为凝乳形成、凝块浓缩、储存成熟三个主要阶段，新鲜干酪不经过储存成熟阶段。

（一）凝乳形成阶段

验收合格的生乳经过预处理、杀菌、冷却操作进入凝乳阶段，这一阶段主要作用是使生乳中酪蛋白通过钙桥连接形成凝乳。分为酸化、凝乳、静置三个步骤。

1. 酸化

牛乳中加入乳酸菌发酵剂，使牛乳中的乳糖变成乳酸，为添加凝乳酶创造最适宜的pH。如切达这类硬质干酪加工时，将杀菌后的牛乳降温至30～35℃，按照2～2.5U/100L添加嗜温乳酸菌发酵剂或者嗜温–嗜热混合菌发酵剂，发酵40～60min，使牛乳pH降至6.5，完成初步酸化，以便后续加入凝乳酶。

2. 凝乳

当pH降到凝乳酶最适宜的范围时，加入凝乳酶。凝乳酶的主要成分是皱胃酶，目前市场常见的天然皱胃酶系列或者微生物凝乳酶系列是固体粉末，皱胃酶使酪蛋白单体凝聚成凝乳，这个过程类似于卤水点豆腐。值得一提的是，凝乳酶的添加并不影响发酵剂的作用，发酵剂在干酪中一直保持活性，在漫长的成熟过程中发挥巨大的作用，会影响干酪最终风味的形成。

3. 静置

牛乳中加入凝乳酶后，放置30min～2h，直到形成软的、果冻状的凝块。凝乳形成时的温度影响干酪的最终质地。对于软质干酪，要求低温；硬质干酪要求中温；而半硬质干酪要求高温以形成具有弹性的凝乳。如切达干酪这类硬质干酪在加工时，需要在30～35℃静置45～50min。

凝乳酶凝乳是普遍使用的凝乳方式，通常用以下方法检查凝乳：手或细棒以45°斜插入凝乳表层以下，轻轻向上抬起，若在底部形成清晰裂缝，且有淡黄色液体即乳清析出，则表明应开始切割凝乳；若形成软的不规则裂缝或破碎，则说明凝乳太软；若有颗粒状凝乳形成，表明其过硬，凝乳切割时间过迟。

（二）凝块浓缩阶段

这个阶段的目的是浓缩凝乳。处理方法因干酪品种的不同而异，如切割、热烫、堆酿、加盐、压榨等。

1. 切割

使用带有横刀、纵刀的切割设备，如图3-33所示，将凝乳切割小块，以利于排除凝乳中的乳清。凝乳切块的大小影响干酪的质地。根据不同干酪对质地的不同要求，硬质干酪要求细切，软质干酪则反之。凝乳切块越细小，乳清排出越多，干酪越硬；相反凝乳切块越大，干酪就越软。如切达这类硬质干酪一般切割成边长为3～15mm的方块。

2. 热烫

对于质地比较坚硬且成熟时间较长的干酪，

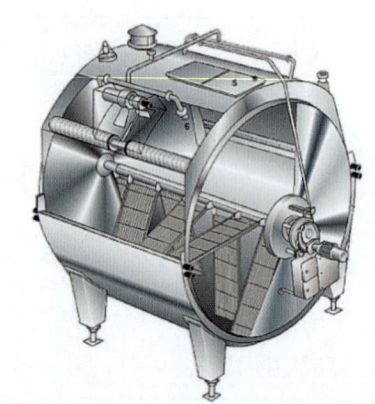

图3-33 带有搅拌和切割工具以及升降乳清排放系统的水密闭式干酪缸

需要对凝乳热处理,通常在40℃左右对凝乳做短暂的加热,如切达干酪凝乳需要在38~40℃,热烫60min。测定凝块乳清混合物的pH达到6.4时,停止加热。有的需要在更高的温度下做长时间的加热,如马苏里拉干酪在加热中不断翻动凝乳,使蛋白质块融合,再通过揉制拉伸,使蛋白质定向排列,最终形成拉丝特性,再拉伸成极小的细丝状。

3. 堆酿

堆酿是一种特殊的处理切割凝乳的方法,它能使干酪产品具有独特的质地。通常只用于切达这类硬质干酪的制作,包括凝乳块的堆叠、切割、挤压和再堆叠。堆叠使得乳清大量排出,干酪形成细致、干燥、半坚硬的结构。

4. 加盐

加盐可使凝乳脱水,减缓发酵剂活力的释放,以控制干酪成熟速率;加盐还可抑制腐败菌生长,使干酪具有一个较长的成熟期,并且能获得特殊的滋味和质地。

干酪加盐有四种方法:

方法1:盐通过机器或手工操作直接加入凝乳中,如切达干酪直接添加2.0%~2.5%的食盐。

方法2:利用盐渍系统进行盐水浸泡几个到数十个小时,如图3-34所示,如帕马森干酪、埃曼塔尔干酪。

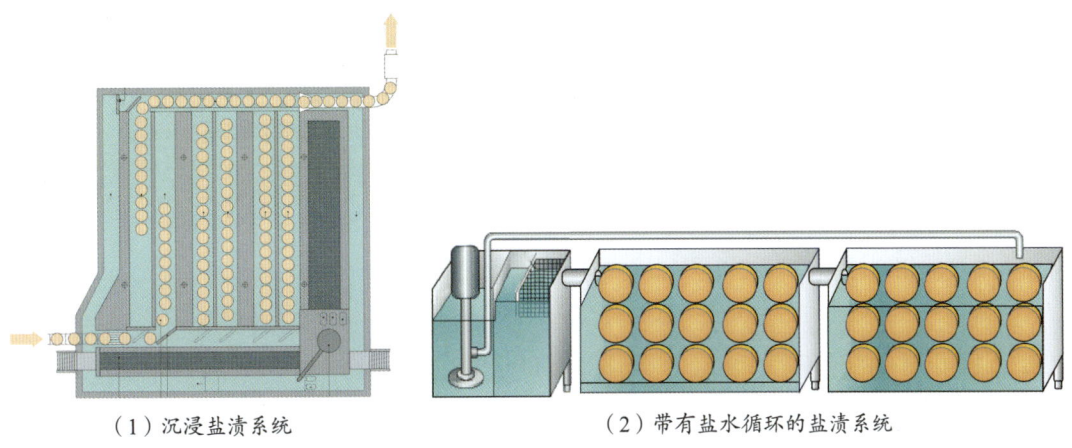

(1)沉浸盐渍系统　　　　(2)带有盐水循环的盐渍系统

图3-34　盐渍系统盐水浸泡过程

方法3:将盐粒抹在干酪的表面。这种方法处理的干酪外壳干燥坚硬,从里到外成熟,产生浓郁的风味。

方法4:用盐水浸湿的布料擦洗干酪表面,如里伐罗特干酪、塔勒吉干酪和马弘干酪。

5. 压榨

经过加盐后,将干酪装入一个模具内,进行压榨,以进一步除去乳清,使其成型。这个过程与制作豆腐的压制成型类似。如切达干酪加工时,干酪入模后,通常使用机械压榨,如图3-35所示,压力为300~1500kPa,压力由小逐渐加大。

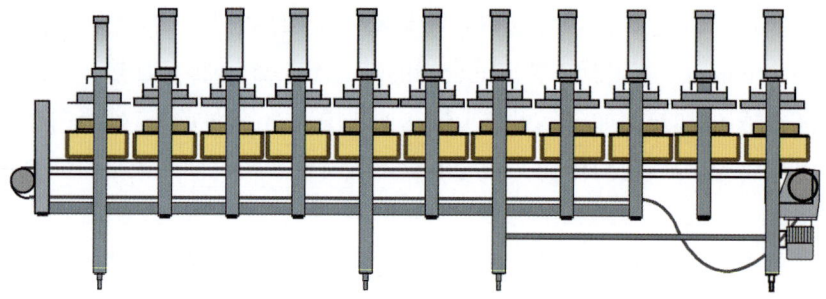

图3-35 机械传送压榨

(三)储存成熟阶段

压榨成型的干酪置于储存库储存,如图3-36所示,这个阶段的目的是成熟和精制干酪,使干酪形成其特有的成熟度、质地、滋味、香味和外观。干酪成熟过程中,乳中的蛋白质、脂肪和碳水化合物降解为小分子物质,干酪逐渐形成特有的质地和风味。

干酪成熟时,通常储存库要求保持较低的温度和一定的湿度,以阻止干酪表面失水干燥和成熟过快,同时保持发酵剂的活力。不同类型的干酪对湿度要求不同,软质干酪要求相对湿度约为95%,硬质干酪对相对湿度的要求较低,约为80%。如切达干酪要求在6~12℃、相对湿度80%的储存环境中进行储存成熟。

图3-36 使用排架的干酪储存库

四、干酪加工工艺流程

(一)干酪加工工艺流程

干酪加工工艺流程如图3-37所示。

(二)切达干酪加工工艺流程

切达干酪加工工艺流程:标准化(酪蛋白/脂肪比为0.68~0.72)→巴氏杀菌(65℃、30min)→接种(0.02%直投式发酵剂)→培养酸化(30~31℃、45~50min)→凝乳(30~31℃、5~50min)→切割(边长为3~15mm的方块)→搅拌升温(31~40℃、60min)→排乳清(pH 6.0~6.1)→切达化(又称堆酿,pH 5.2)→磨碎→加盐(2%~2.5%)→入模压榨(1.5MPa,10~12h)→真空包装→成熟(6~12℃、3~18个月)→切达干酪。

目前,切达干酪通常采用机械化生产,生产流程如图3-38所示。

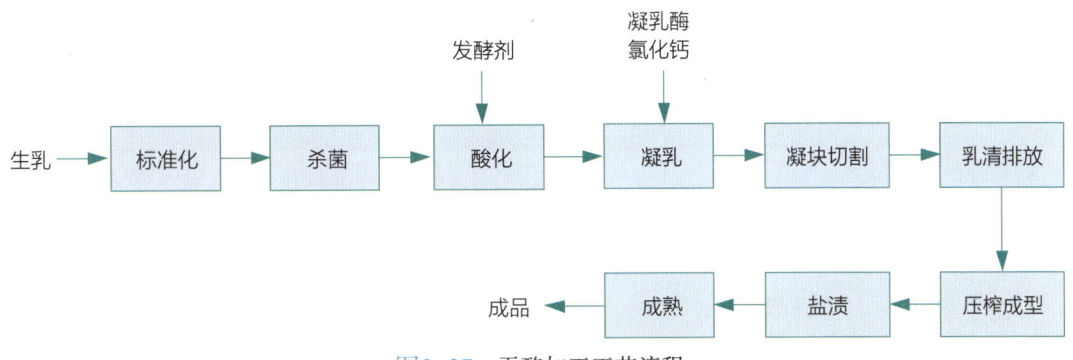

图3-37 干酪加工工艺流程

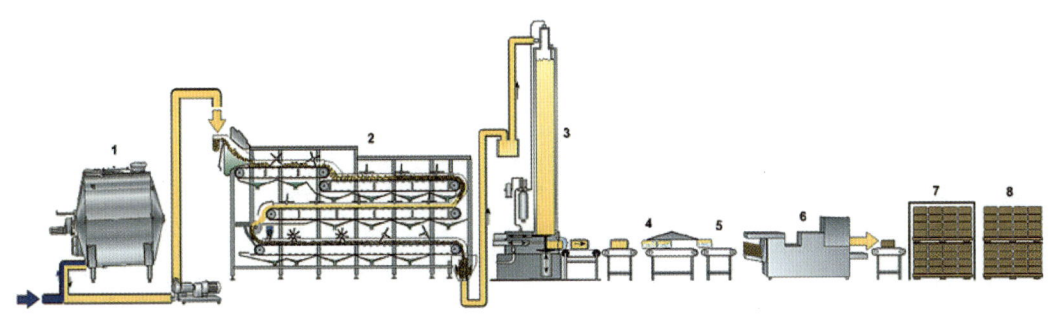

图3-38 切达干酪机械化生产流程
1—干酪槽 2—切达机 3—块状成形及装袋机 4—真空密封 5—称重
6—纸箱包装机 7—排架 8—成熟储存

五、干酪质量标准

(一)干酪食品安全国家标准

干酪质量标准要符合(GB 5420—2021)《食品安全国家标准 干酪》中的感官要求、及微生物限量等指标要求,见表3-65、表3-66。

表3-65 感官要求

项目	要求	检验方法
色泽	具有该产品正常的色泽	取适量置于洁净的白色盘(瓷盘或同类容器)中,在自然光下观察色泽和状态。嗅其气味,用温开水漱口,品尝滋味
滋味、气味	具有该类产品特有的滋味和气味	
组织状态	具有该类产品应有的组织状态	

表3-66　微生物限量

项目	采样方案[a]及限量				检验方法
	n	c	m	M	
大肠菌群/（CFU/g）	5	2	10^2	10^3	GB 4789.3—2016

[a] 样品的采样及处理按GB 4789.1—2016和GB 4789.18—2016执行。

污染物限量应符合GB 2762—2022的规定。真菌毒素限量应符合GB 2761—2017的规定。致病菌限量应符合GB 29921—2021的规定。

（二）典型干酪质量标准

（GB 5420—2021）《食品安全国家标准　干酪》是通用质量标准，干酪品种繁多，乳制品行业会针对一些典型的干酪制定更为具体的质量标准。针对切达干酪，乳制品行业制定了中国乳制品工业行业规范（RHB 501—2004）《切达干酪感官质量评鉴细则》，切达干酪感官评分标准见表3-67。

表3-67　切达干酪感官评分表

项目	特征	得分
包装（5分）	包装良好	5
	包装合格	4
	包装较差	3~2
外型（5分）	外形良好，具有该种产品正常的形状	5
	干酪表皮均匀，细致，无损伤，无粗厚表皮层，有石蜡混合物涂层或塑料膜真空包装	5
	外型无损伤但外形稍差者	4
	表层涂蜡有散落	4~3
色泽（5分）	色泽呈白色或乳黄色，均匀、有光泽，如添加色素则为该色素应有的颜色	5
	色泽略有变化	4~3
	色泽有明显变化，不均匀	2~1
纹理图案（10分）	具有切达干酪特征的"鸡胸纹"图案	10
	纹理图案不清晰	9~8
	有裂痕	7~5
	有网状结构	6~5
	有孔眼，不密实	7~4
	断面粗糙	5~3

续表

项目	特征	得分
滋味和气味（50分）	具有切达干酪特有的滋味和气味，具有奶油味、风味良好	50
	具有切达干酪特有的滋味和气味，具有奶油味、风味较好	49~48
	滋味、气味良好但香味较淡	47~45
	滋味、气味合格，但香味淡	44~42
	滋味、气味平淡无乳香味者	58~53
	有饲料味	41~38
	有异常酸味	44~40
	有霉味	41~38
	有苦味	41~35
	氧化味	41~32
	有明显的异味	41~35
组织状态（25分）	质地紧密、光滑、硬度适度	25
	质地均匀、光滑、硬度适度	24
	质地基本均匀、稍软或稍硬，组织较细腻	23
	组织状态粗糙，较硬	22~16
	组织状态疏松，易碎	20~17
	组织状态呈碎粒状	19~15
	组织状态呈皮带状	20~15
	表层有损伤	4~3
	轻度变形	4~3
	表面有霉菌者	3~2

▶ 任务实施

⚠ 安全提示

切达干酪加工过程存在高温烫伤、机械压伤等潜在风险，请熟记防止高温烫伤、防止机械伤害、当心触电等安全标识，如图3-39所示，严格执行安全预防措施，避免直接接触杀菌设备部件。

（1）防止高温烫伤　　（2）防止机械伤害　　（3）当心触电

图3-39　安全标识

活动一　准备工作

一、制定切达干酪加工方案

切达干酪干物质、乳脂成分构成见表3-68，市场上常见的切达干酪水分含量为33%～35%，脂肪占干基的52%～54%，盐含量为1.6%～1.8%，pH为4.95～5.25，酪蛋白/脂肪一般为0.68～0.72。

表3-68　切达干酪干物质、乳脂成分构成表

成分	最低含量（质量分数）	最高含量（质量分数）	参考水平（质量分数）
干物质中的乳脂	20%	无限制	45%～55%
干物质	视干物质中的脂肪含量		
	干物质中的脂肪含量	对应的最低干物质含量（质量分数）	
	≥20%但<30%：	41%	
	≥30%但<40%：	44%	
	≥40%但<45%：	50%	
	≥45%但<55%：	52%	
	≥55%：	57%	

（一）明确切达干酪产品质量标准

查阅（GB 5420—2021）《食品安全国家标准　干酪》、（CXS 263—1966）《切达干酪标准》等切达干酪相关资料，明确切达干酪产品的质量标准，填写表3-69。

表3-69　切达干酪质量标准

切达干酪质量标准	要求与指标	
感官要求	色泽：_____ 滋味气味：_____	组织状态：_____ 外形形态：_____

续表

切达干酪质量标准	要求与指标
理化标准	水分：_____ 干物质：_____ 脂肪：_____ 脂肪占干物质比例：_____ 酪蛋白/脂肪比率：_____
微生物限量	污染物限量：_____ 真菌毒素限量：_____ 微生物限量：_____

（二）确定加工流程与过程工艺

查阅资料，确定切达干酪的工艺流程与要求，完成表3-70。

表3-70 切达干酪加工流程与要求

加工步骤	加工要求
	标准化至酪蛋白/脂肪比率：_____
	杀菌温度：____℃，时间：____s，冷却至____℃
	酸化温度：____℃，按照_____U/100L添加嗜温乳酸菌发酵剂
	pH降至_____时，添加微生物凝乳酶系列固体粉末
	颗粒大小：____mm，搅拌时长：____min
	热烫温度：____℃，热烫时长：____min，pH_____，停止加热
	搅拌时长：____min，pH_____开始排出乳清
	堆酿时长：____h，pH降低至_____开始碾碎切条
	按照最终产品_____的比例添加食盐
	压榨压力为____MPa
	储存温度：____℃，相对湿度：____

二、原、辅料准备

（一）原料准备

切达干酪原料选择符合食品安全国家标准的生乳为生产原料，请根据某企业干酪理化指标转序标准（表3-71），检查生乳验收转序质量指标，填写表3-72，完成干酪转序单。

表3-71 某企业干酪理化指标转序标准

产品名称	脂肪/%	蛋白质/%	非脂乳固体/%	酸度/°T	酒精试验	感官
干酪	≥3.1	≥3.0	≥8.1	12~18	阴性	正常

表3-72 干酪转序单

产品名称	干酪					
转序方向	生乳验收——预处理					
理化指标	脂肪/%	蛋白质/%	非脂乳固体/%	总固体/%	水分/%	脂肪占干物质/%
				—	—	—
	蔗糖/%	酸度/°T	酒精试验	感官	黏度	
	—		阴性	正常	—	
结论						
转序时间	年 月 日					
操作工签名						
检验员签名						
备注						

（二）发酵剂准备

领取切达干酪加工用发酵剂，选择冷冻干燥的直投式菌种，选择适用于酸化的嗜温乳酸菌，计算发酵剂添加量。先测定发酵剂活力，测定方法同酸乳发酵剂活力测定，再根据测定所得的发酵剂活力计算添加量，也可以直接根据发酵剂商品推荐的添加量进行添加。

（三）凝乳酶准备

1. 测定凝乳酶活力

取100mL生乳于烧杯中，加热至35℃，加入10mL，1%凝乳酶溶液，迅速搅拌均匀，并加入少许碳颗粒为标记，准确记录从加入酶溶液到生乳凝固所需的时间，以秒为单位计时。

$$凝乳酶活力 = \frac{凝乳数量}{凝乳酶数量} \times \frac{2400s}{凝乳时间/s} \qquad (3-1)$$

2. 计算凝乳酶添加量

可根据测定所得的凝乳酶活力计算添加量，也可以直接根据凝乳酶商品上标注的酶活力计算添加量。假设读取固体粉状凝乳酶产品的酶活力为100000。

假设本次学习任务是使用1000kg牛乳，制作切达干酪，按照1∶100000=x∶1000000计算，需添加凝乳酶10g，用无菌水将凝乳酶配成2%的凝乳酶溶液，待用。

（四）完成配料单

1. 计算食盐添加量

切达干酪加盐量是最终产品的1.6%～2.0%，按照切达干酪通常10%的出品率计算，食盐最低添加量=1000kg×10%×1.6%=1.6kg。

2. 根据计算完成配料单，填写表3-73。

表3-73 切达干酪配料单

配料名称	数量	备注
生乳	1000kg	符合国家标准
发酵剂		嗜温细菌或嗜温–嗜热混合菌
凝乳酶		天然皱胃酶系列或者微生物凝乳酶系列固体粉末
食盐		无碘精制盐
氯化钙	100g	食用级

活动二 切达干酪加工

一、标准化

为了使每批切达干酪产品的酪蛋白/脂肪比符合要求，必须先将生乳进行标准化。

（一）测定生乳中蛋白质、脂肪的含量

请使用乳成分快速检测仪测定生乳蛋白质、脂肪含量，填写表3-74。

表3-74 生乳蛋白质、脂肪含量测定表

样品测定	蛋白质/%	脂肪/%
第一次测定		
第二次测定		
第三次测定		
平均值		

（二）计算标准化的目标脂肪含量

切达干酪产品的酪蛋白/脂肪比率一般为0.68～0.72。通常生乳中酪蛋白占蛋白质总量的80%。请根据测定的生乳蛋白质含量计算出酪蛋白的含量，再根据酪蛋白/脂肪比计算出脂肪含量，并以此脂肪含量作为脂肪标准化的目标含量。

按照酪蛋白/脂肪比0.68计算脂肪含量=＿＿＿＿＿＿＿＿＿＿

按照酪蛋白/脂肪比0.72计算脂肪含量=＿＿＿＿＿＿＿＿＿＿

（三）确定添加或移除稀奶油的数量

生乳脂肪含量低于脂肪标准化的目标含量，需要添加稀奶油，选择市售稀奶油脂肪含量为30%。计算需要添加稀奶油的量。

稀奶油最大添加量=_____kg

稀奶油最小添加量=_____kg

稀奶油平均添加量=_____kg

生乳脂肪含量高于目标脂肪含量，需要分离移除部分稀奶油。计算需要移除稀奶油的量。

稀奶油最大移除量=_____kg

稀奶油最小移除量=_____kg

稀奶油平均移除量=_____kg

二、凝乳

（一）接种酸化

根据计算结果完成标准化操作。然后将牛乳泵入管式杀菌设备进行杀菌操作，设定杀菌温度65℃，杀菌时间30min。冷却至35℃后牛乳进入带搅拌桨叶的干酪槽，如图3-40所示，保持温度在30~32℃，按照2.5U/100L添加直投式发酵剂，同时添加100g氯化钙，搅拌均匀后静置30min，使用pH计测定牛乳pH，绘制pH曲线，如图3-41所示，45~50min后添加凝乳酶。

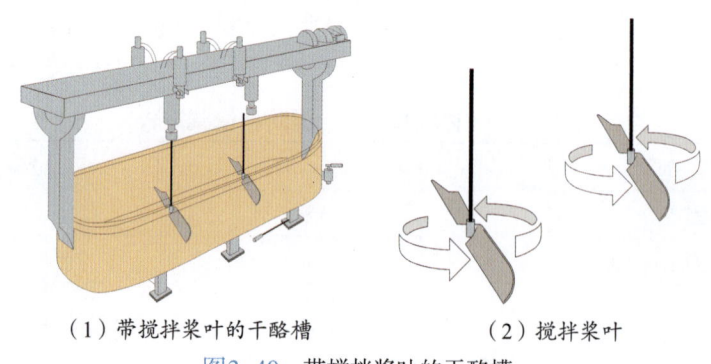

（1）带搅拌桨叶的干酪槽　　（2）搅拌桨叶

图3-40　带搅拌桨叶的干酪槽

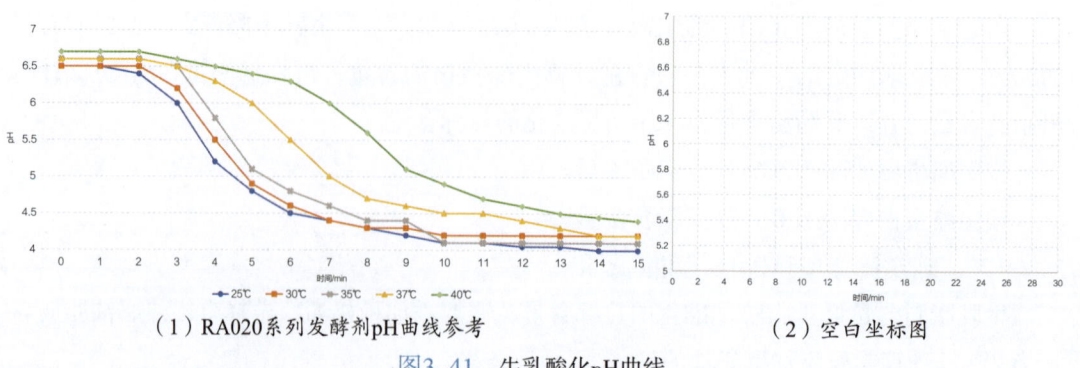

（1）RA020系列发酵剂pH曲线参考　　（2）空白坐标图

图3-41　牛乳酸化pH曲线

（二）凝乳

1. 凝乳

将配制好的凝乳酶溶液喷洒加入干酪槽，加入凝乳酶后，充分搅拌2～3min，使凝乳酶和牛乳混合均匀。静置30min，温度保持在30～32℃。

2. 检查凝乳

将一把小刀刺入凝固后的乳表面下，然后慢慢抬起，如图3-42所示，直至裂纹出现，可以开始切割。

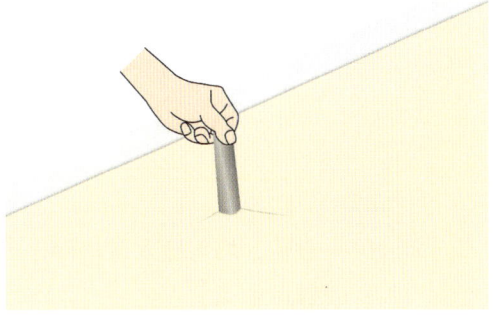

图3-42　检查凝乳

三、浓缩凝乳

（一）切割

转动干酪槽中的横刀和纵刀，如图3-43所示，把凝块柔和地分裂成边长为3～15mm的方块，静置3min，然后轻微搅拌分散凝乳。

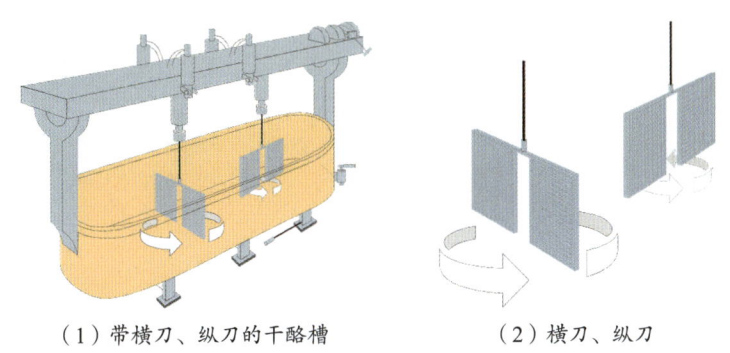

（1）带横刀、纵刀的干酪槽　　　（2）横刀、纵刀

图3-43　带横刀、纵刀的干酪槽

（二）热烫

提升干酪槽的温度至38～40℃，并轻微搅拌，防止凝乳重新凝聚，30～50min。测定凝块乳清混合物的pH至6.4，停止加热。凝块在乳清中进一步搅拌30～60min，使乳清脱出，得到坚实的凝块，测定pH至6.1，开始排出乳清。

（三）堆酿

将排出乳清后的凝块制成近似长方体，堆叠在一起，如图3-44所示，静置1.5～2.5h，过程中翻转凝块数次。凝块中的乳酸菌进一步产生乳酸，当pH降低至5.2～5.3时，开始进行凝块碾碎切条处理，如图3-45所示。

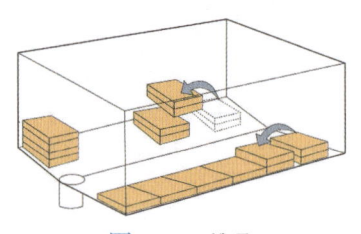
图3-44 堆叠

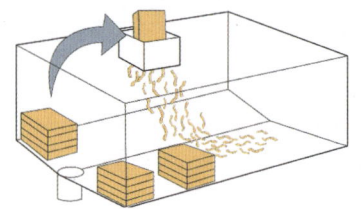
图3-45 凝块切条

（四）加盐干腌

称量1.6kg食盐，均匀撒入凝块碎条之中，如图3-46所示，开启搅拌器搅拌5~10min。

（五）入模压榨

凝块碎条与干的食盐混合均匀后，注入模具中，如图3-47所示，使用具有气动装置的设备缓慢垂直加压，如图3-48所示，压榨压力通常为300~1500kPa。

图3-46 撒盐　　图3-47 入模　　图3-48 入模压榨

四、储存成熟

干酪入模后，转移至储存库储存，如图3-49所示。储存成熟时间取决于干酪产品质量要求：温和（Mild，3个月）；中等（Medium，3~6个月）；成熟（Mature，6~12个月）；过熟（Vintage，12~24个月）。控制切达干酪储存温度6~12℃，相对湿度低于80%。

活动三 切达干酪感官评价

一、准备工作

（一）阅读标准

阅读中国乳制品工业行业规范（RHB 501—2004）

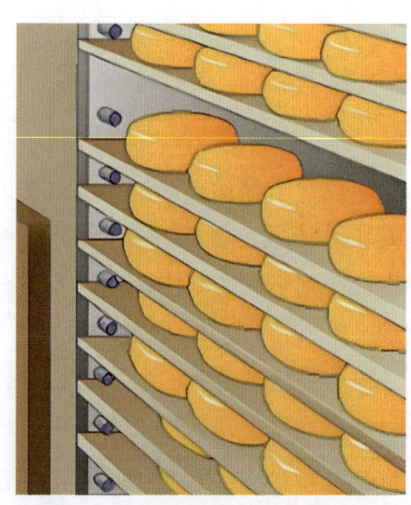

图3-49 干酪在低温环境储存成熟

《切达干酪感官质量评鉴细则》，重点阅读人员要求、评鉴方法、评鉴要求、数据处理等必要性条文。

（二）样品制备

评鉴前将样品从冷藏环境中取出，放置一段时间使评鉴温度在6～10℃。在包装评分结束后小心打开干酪包装，进行干酪外型、色泽以及纹理图案的评分。上述评分结束后，切去表层蜡皮，再切去端面1cm厚的表层，将干酪取样器纵向插入至干酪高度的3/4处，旋转180°以上，抽出取样器，取出小样，如图3-50所示，每个干酪小样50g左右，置于白色瓷碟中进行评鉴。

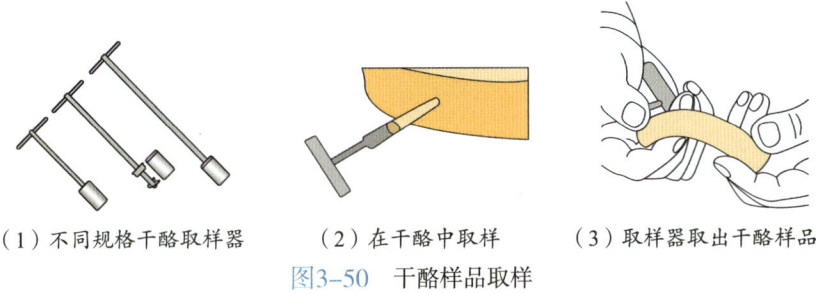

（1）不同规格干酪取样器　　（2）在干酪中取样　　（3）取样器取出干酪样品

图3-50　干酪样品取样

（三）环境准备

（1）将评鉴实验室室温控制在20～22℃，相对湿度保持在50%～55%，保持通风情况良好，无气味，无噪声。

（2）整理清洁评鉴工作台，保持整洁干净，准备漱口用40℃左右的纯净水。

（3）调节评鉴实验室照明光源，使光线均匀分布在评鉴工作台面上，去除阴影。

二、依据标准感官评分

（一）切达干酪感官评价步骤

1. 包装观察

取带包装的整块干酪样品，观察其外包装。

2. 外型观察

打开包装，对整块干酪的外观进行观察。

3. 色泽观察

在灯光下观察整块干酪的色泽及均一度。

4. 纹理图案观察

在灯光下观察整块干酪的纹理图案。

5. 滋味和气味品鉴

取50g样品，先闻气味，然后用温开水漱口，再品尝样品的滋味。

6. 组织状态观察

取50g样品，在灯光下观察组织状态，可通过触觉或借助其他工具辅助判定。

（二）切达干酪感官评分

依据中国乳制品工业行业标准（RHB 501—2004）《切达干酪感官质量评鉴细则》中的评分标准，见表3-67，对切达干酪产品进行感官评分，填写表3-75。

表3-75 切达干酪感官评分表

评价指标	特征描述	得分
包装（5分）		
外型（5分）		
色泽（5分）		
纹理图案（10分）		
滋味和气味（50分）		
组织状态（25分）		
总计得分		

任务评价

请根据表3-76中的评价内容与标准，针对任务实施中的表现，完成评价任务。

表3-76 任务评价表

评价项目	评价内容与标准	评价结果
知识目标	能说出干酪定义	是□ 否□
	能概述干酪加工工艺流程	是□ 否□
	能说出干酪加工过程中常用添加剂的作用与使用方法	是□ 否□
能力目标	能完成切达干酪加工准备工作	是□ 否□
	能完成切达干酪加工中凝乳操作	是□ 否□
	能完成切达干酪加工中凝乳浓缩操作	是□ 否□
	能完成切达干酪加工中成型操作	是□ 否□
	能完成切达干酪感官评价	是□ 否□
素养目标	养成遵守食品安全操作规范的习惯	是□ 否□

职场故事

众里寻"菌"千百度

关于"酪"的较早文字记载出自先秦的《礼记·礼运》。这个"醴酪"出现的年代恰恰是农业和畜牧业的起源时期,考古证明这个年代是距今7000~10000年的新石器时代,秦汉时期的古籍有"食肉饮酪""肉酪为粮""以肉为食兮酪为浆"的记载。北魏农学家贾思勰《齐民要术》卷六中翔实地记载了干酪的制作方法。

记者小王深入某乳制品研发国家重点实验室,进行行业调查时发现,中国干酪市场规模巨大,如图3-51所示,其中进口干酪所占市场份额如图3-52所示。

图3-51　2017—2022年中国干酪市场规模情况
（来源：公开资料，由华经产业研究院整理）

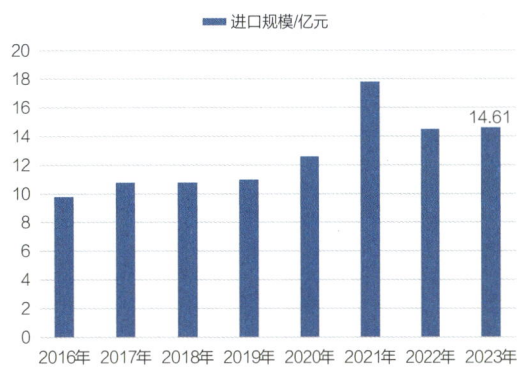

图3-52　2016—2023年中国干酪进口规模
（来源：公开资料，由华经产业研究院整理）

研究人员告诉记者小王,干酪大量依赖进口,国内乳品企业很被动,我们需要掌握自己的核心技术,做出有中国特色的干酪,才能避免受制于人。发酵菌种的筛选,如图3-53所示,是非常重要的一环。市场上已有干酪产品都是用商业菌株来生产的,商业菌株是有专利技术保护的。研究人员要到最偏远、交通最不发达的地方去筛选菌株,才可能找到原生态菌株。为了寻找合适的菌株,研究人员曾到内蒙古大草原老乡的家中,也曾

（1）接种

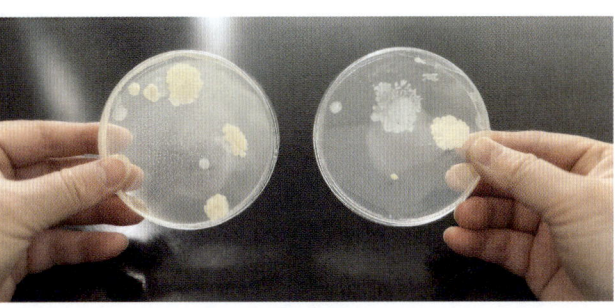
（2）观察

图3-53　研究人员正在筛选菌株

经到四川，寻找古老的泡菜坛子，千辛万苦挑选回来的菌株多达上千种，可是哪些会成为最终用于生产的菌株呢？没有人知道。研究人员需要建立数学模型，产酸、产酶、生长速度等性能都要经过逐一测试。有时菌株可能在培养皿里面生长比较好，而在中试车间生产时表现不好。有时找到一株生长迅速、产酸良好的菌株，但是制作出的干酪口味不好。有些时候筛选了几千株菌株，都不一定能够挑出一株适用于生产。经过几年的摸索，他们终于找到了具有中国特色的菌株。

2022年国家发布《"十四五"奶业竞争力提升行动方案》等扶持干酪行业发展政策，鼓励企业开展干酪加工技术攻关，加快干酪生产工艺和设备升级改造，提高国产干酪的产出率，研发适合中国消费者口味的干酪产品。当下国内乳制品加工企业纷纷进军干酪加工与研发，从原来干酪单一西餐应用场景，逐渐演变为休闲零食、干酪与中餐融合的场景，这些细分品类和消费场景的崛起让中国的干酪产业进入一个新发展阶段。发酵菌种的成功筛选也为干酪市场带来一抹别样的中国红。

思考练习

1. 记录切达干酪加工过程中温度与pH参数变化情况，填写表3-77。

表3-77 切达干酪加工参数记录表

工序名称	酸化	凝乳	切割	热烫	堆酿	储存
温度/℃						
pH						
时间						

2. 切达干酪加工时杀菌工艺是否能采用超高温灭菌工艺？请说明原因。

3. 请调查一下目前市场上常用的干酪发酵剂，填写表3-78。

表3-78 干酪发酵剂调查表

发酵剂商品名称	类型	特点	价格

4. 请调查一下目前市场上常用的干酪凝乳酶，填写表3-79。

表3-79　干酪凝乳酶调查表

凝乳酶商品名称	类型	特点	价格

表3-70切达干酪加工流程与要求，参考答案

加工步骤	加工要求
标准化	标准化至酪蛋白/脂肪比率：0.68~0.72
杀菌	72℃，15s，冷却至35℃
酸化	30~31℃，45~50min，按照2~2.5U/100L添加嗜温乳酸菌发酵剂
凝乳	pH降至6.5时，添加微生物凝乳酶系列固体粉末
切割	3~15mm 大小的颗粒，搅拌15~20min
热烫	38~40℃，30~50min，pH 6.4，停止加热
搅拌	搅拌30~60min，pH 6.2开始排出乳清
堆酿	1.5~2.5h，pH降低至5.3~5.4开始碾碎切条
加盐	添加最终产品1.6%~1.8%的食盐
入模压榨	压榨压力为0.55~0.7MPa
包装储存	6~12℃，相对湿度80%

任务五　乳粉加工

学习目标

1. 能说出乳粉的定义及分类。
2. 能概述乳粉加工工艺流程。
3. 能按产品质量要求完成全脂乳粉加工。
4. 能按标准要求完成全脂乳粉感官评价。
5. 建立乳粉生产安全意识和产品质量意识。

任务描述

乳粉是人体摄取蛋白质、维生素、氨基酸和矿物质等营养物质的极佳来源，其中婴幼

儿、哺乳期妇女和老年人更是乳粉的重要消费者。本次学习任务是：按照全脂乳粉加工工艺标准，采用喷雾干燥法生产全脂乳粉。主要包含加工前的准备工作、全脂乳粉加工、全脂乳粉感官评价三部分。

知识准备

一、乳粉定义

（GB 19644—2024）《食品安全国家标准 乳粉和调制乳粉》中规定：乳粉是以单一品种的生乳为原料，经加工制成的粉状产品。

调制乳粉是以单一品种的生乳和（或）其全乳（或脱脂及部分脱脂）加工制品为主要原料，添加其他原料（不包括其他品种的全乳、脱脂及部分脱脂乳）、食品添加剂、营养强化剂中的一种或多种，经加工制成的粉状产品，其中来自主要原料的乳固体含量不低于70%。

二、乳粉分类

乳粉的品类很多，例如，全脂乳粉、脱脂乳粉、配方乳粉、速溶乳粉、乳清粉、酪乳粉等。常见的类型有以下几种。

1. 全脂乳粉

以全脂鲜乳为原料加工而成，分加糖（全脂甜乳粉）、不加糖（全脂淡乳粉）。

2. 脱脂乳粉

以脱脂鲜乳为原料加工而成，一般都不加糖。

3. 配方乳粉

在乳中添加各种营养素而制成。最初主要是针对婴儿营养需要而研制，目前呈现系列化的发展趋势，如中老年乳粉、孕妇乳粉、降糖乳粉、营养强化乳粉等。

4. 速溶乳粉

以全脂或脱脂牛乳为原料，经特殊加工工艺（附聚、喷涂卵磷脂等）加工而成。对温水和冷水具有良好的润湿性、分散性及溶解性。

5. 其他乳粉

乳清粉（普通乳清粉、脱盐乳清粉、浓缩乳清粉）、酪乳粉、冰淇淋粉、奶油粉、麦精乳粉（可溶性的麦芽糖、糊精等）。

三、乳粉加工基本过程

乳粉加工一般可以分为预处理、浓缩、干燥、收粉四个主要阶段。其中，浓缩和干燥是整个工艺流程中比较关键的阶段，要求针对不同的乳粉选择不同的浓缩、干燥方法，并严格控制温度和时间，以保证产品的质量和安全性。

（一）预处理

生产乳粉的原料要求使用优质的生乳，按照（GB 19301—2010）《食品安全国家标准 生乳》中的各项指标要求进行检验，确保生乳的质量。生乳验收后如不能立即加工，需净化后冷却至4~6℃进行储存。生乳在储存期间要定期搅拌并检查温度和酸度。

1. 收乳

生乳验收→过滤→脱气→计量→净乳→冷却→储存。

2. 标准化

调整生乳中脂肪的含量，使其符合制品的要求。

3. 配料

在生产加糖或某些配方乳粉时，需要向生乳中加糖。

4. 均质

均质时压力一般控制在14~21MPa，温度控制在60~65℃为宜（生产全脂乳粉时，一般不经过均质）。

（二）浓缩

验收合格的生乳经过预处理、杀菌、冷却操作进入浓缩阶段。浓缩是在蒸发器内用加热的方法使牛乳中的一部分水汽化，并不断排出，使牛乳中的干物质含量提高的加工处理过程。在乳制品工业中，目前应用最多的是减压加热浓缩，即真空浓缩。杀菌后的生乳浓缩至原体积的1/4左右，乳干物质达到35%~50%即可。浓缩后的乳温为45~50℃。全脂乳粉浓度为11.5~13°Bé，相应乳固体含量为38%~42%；脱脂乳粉浓度为20~22°Bé，相应乳固体含量为35%~40%；全脂甜乳粉浓度为15~20°Bé，相应乳固体含量为45%~50%；生产大颗粒乳粉时可将浓缩乳浓度提高。

生乳经过真空浓缩，除去70%~80%的水分，可以提高干燥设备的生产能力，降低成本；真空浓缩能影响乳粉颗粒的物理性状；浓缩乳经喷雾干燥成乳粉后，其颗粒较粗大，具有良好的分散性、冲调性，能够迅速复水溶解。乳粉颗粒中的氧气容易氧化脂肪，给制品带来不良影响，降低保藏性能。真空浓缩可排除生乳中的氧气，使乳粉颗粒中的气泡大大减少，改善乳粉的保藏性。浓缩乳的浓度越高，制成的乳粉气体含量越低，越有利于保藏。

真空浓缩的蒸发过程以单效降膜蒸发器为例，如图3-54所示。牛乳经预热后从

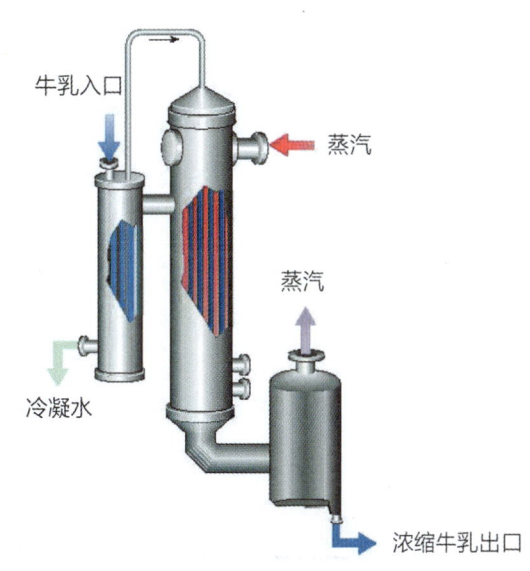

图3-54 单效降膜蒸发器

顶部垂直进入蒸发器，沿蒸发管加热表面向下流，在管内壁形成一层薄膜。流动中，薄膜状牛乳中的水分迅速蒸发。蒸发器下端安装有蒸汽分离器，经蒸汽分离器将浓缩牛乳与蒸汽分开。

由于降膜蒸发器中是真空环境，牛乳的沸点也相对降低，加之流过蒸发管的牛乳很少，降膜式蒸发器中的牛乳停留时间非常短，约1min，这对于浓缩热敏感的乳制品相当有益。

实际生产中，为了提高热能利用效率，多采用多效蒸发器进行牛乳浓缩。

（三）干燥

乳粉干燥常用的方法有加热干燥法和冷冻干燥法。冷冻干燥法是在低温下，牛乳中的水分在真空中蒸发，蛋白质几乎不会受到任何损害，用于生产特殊乳粉，但因其耗能太高，并没有广泛应用。乳粉生产常用的方法是加热干燥法，有平锅法、滚筒法、喷雾法三种，乳制品工业最常用的是喷雾干燥法。

浓缩乳的喷雾干燥分为三个过程，如图3-55所示，首先，浓缩乳在雾化器中被分散成细小的乳滴，接着，细小乳滴与热气流在干燥室混合，使水分迅速蒸发，通过主旋风分离器后由排风机排出水分，最后，旋风分离输送得到干燥的牛乳颗粒。

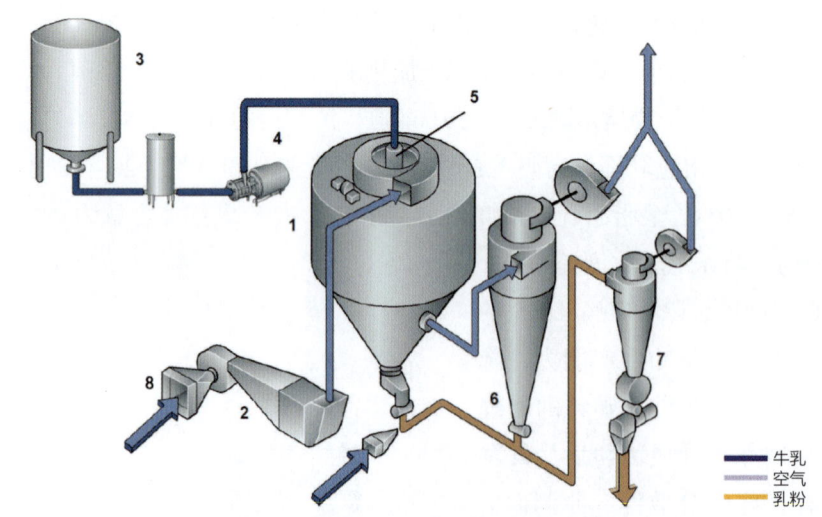

图3-55 喷雾干燥过程
1—干燥室　2—空气加热器　3—牛乳浓缩缸　4—高压泵　5—雾化器　6—主旋风分离器　7—旋风分离输送　8—抽气扇和过滤器

喷雾干燥机的主要部件是雾化器，理想的雾化器应能将浓缩乳稳定地雾化成均匀的乳滴，并能散布于干燥塔的有效空间，而不喷到塔壁上，目的是使其能快速干燥。乳滴分散越微细，其比表面积越大，越能有效地干燥。

目前，国内常用的两种喷雾干燥雾化方法，压力喷雾干燥法和离心喷雾干燥法，其工艺条件分别见表3-80和表3-81。

表3-80 压力喷雾干燥法生产乳粉的工艺条件

项目	全脂乳粉	全脂加糖粉
浓缩乳浓度/°Bé	11.5~13	15~20
乳固体含量/%	38~42	45~50
浓缩乳温度/℃	45~60	45~50
高压泵工作压力/kPa	10000~20000	10000~20000
喷嘴孔径/mm	2.0~3.5	2.0~3.5
喷嘴数量/个	3~6	3~6
喷嘴角度/rad	1.047~1.571	1.222~1.394
进风温度/℃	140~180	140~180
排风温度/℃	75~85	75~85
排风相对湿度/%	10~13	10~13
干燥室负压/Pa	98~196	98~196

表3-81 离心喷雾干燥法生产乳粉的工艺条件

项目	全脂乳粉	全脂加糖乳粉
浓缩乳浓度/°Bé	13~15	14~16
乳固体含量/%	45~50	45~50
浓缩乳温度/℃	45~55	45~55
转盘转速/(r/min)	5000~20000	5000~20000
转盘数量/个	1	1
进风温度/℃	200左右	200左右
干燥温度/℃	90左右	90左右
排风温度/℃	85左右	85左右

(四)收粉

收粉过程主要由出粉、冷却、筛粉、称量、包装组成。

1. 出粉

生乳经喷雾干燥成乳粉后,应迅速从干燥室中排至流化床进行冷却,如图3-56所示,特别是全脂乳粉。因为干燥室的温度较高,底部一般为60~65℃,乳粉如在高温下停留时间过长,脂肪容易氧化,并会影响其溶解度和色泽。此外,乳脂肪游离也会影响乳粉的保藏性。因此,迅速连续出粉和及时冷却是工艺的重要环节。

2. 冷却

喷雾干燥乳粉要求及时冷却至30℃以下。若出粉后乳粉不经过充分冷却,仍保持较高温度，易引起蛋白质热变性。在高温下，全脂乳粉的游离脂肪增多，在乳粉颗粒表面渗出，暴露于空气中而被氧化，产生氧化臭味。同时乳粉在高温状态下放置还容易吸收大气中的水分。

目前，普遍采用流化床出粉冷却，如图3-57所示，流化床连接在主干燥室底部，由一个多孔底板和外壳构成，外壳由弹簧固定并有马达可使之振动。当一层乳粉分散在多孔底板上时，振动乳粉以匀速沿壳长方向运送，可将乳粉冷却至18℃以下，同时还可使制品颗粒大小均匀。

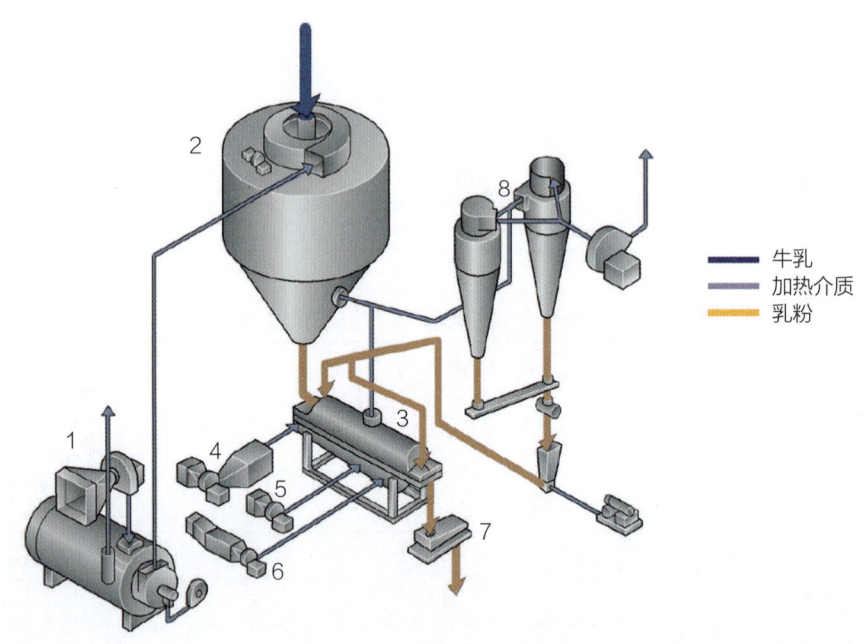

图3-56 多段式干燥系统
1—间接加热器 2—干燥室 3—振动流化床 4—用于流化床的空气加热器 5—用于流化床的周围冷却空气
6—用于流化床的脱湿冷却空气 7—筛子 8—旋风分离器

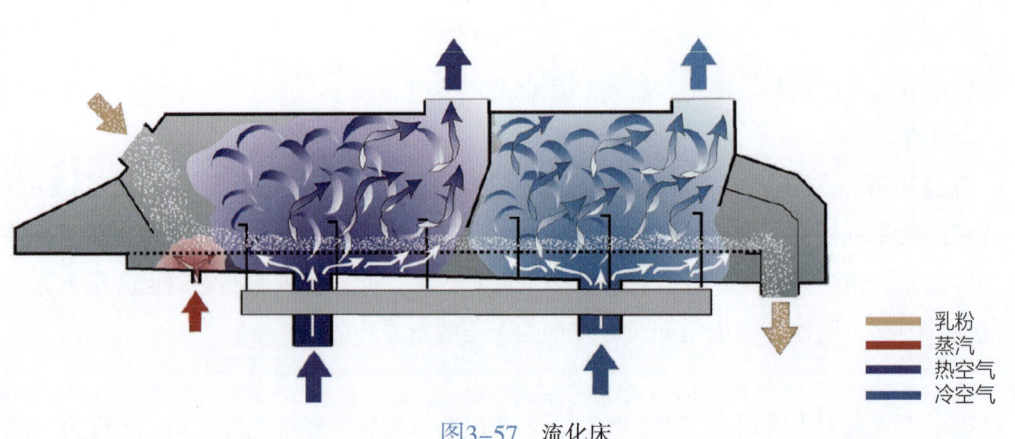

图3-57 流化床

3. 筛粉

筛粉一般采用机械振动筛，网眼为40～60目。过筛后可将粗粉、细粉混合均匀，并除去团块和粉渣。新生产的乳粉经过12～24h的贮藏，其表观密度可提高15%左右，有利于包装。无论使用大型粉仓还是小粉箱，在储存时严防受潮。包装前的乳粉存放场所必须保持干燥和清洁。

4. 称量与包装

不同乳粉包装的形式和尺寸有较大差别，根据乳粉的用途，有大罐、小罐和小袋等包装形式，小包装称量要求精确迅速，通常有容量法和重量法等。

包装材料有马口铁罐、塑料袋、塑料复合纸袋、塑料铝箔复合袋等。包装方式直接影响乳粉的保质期，如塑料袋包装的保质期规定为3个月，铝箔复合袋包装的保质期规定为12个月，真空包装技术和充氮包装技术可使乳粉质量保存3～5年。

四、乳粉加工工艺流程

（一）全脂乳粉加工工艺流程

喷雾干燥法生产全脂乳粉加工工艺流程如图3-58所示。

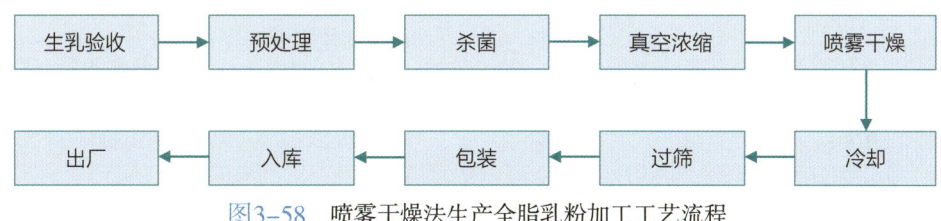

图3-58 喷雾干燥法生产全脂乳粉加工工艺流程

（二）脱脂乳粉加工工艺流程

喷雾干燥法生产脱脂乳粉加工工艺流程如图3-59所示。

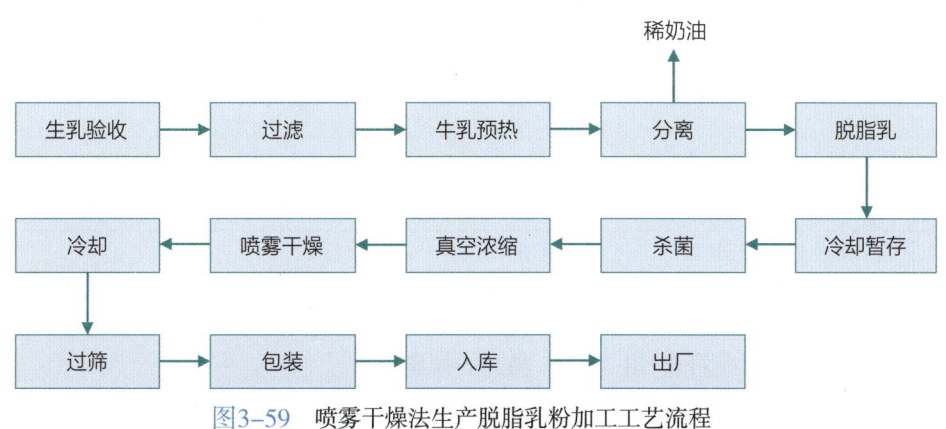

图3-59 喷雾干燥法生产脱脂乳粉加工工艺流程

五、乳粉质量标准

（一）食品安全国家标准

乳粉的质量标准要符合（GB 19644—2024）《食品安全国家标准　乳粉和调制乳粉》中的感官要求、理化指标及微生物限量，见表3-82～表3-84。

表3-82　感官要求

项目	要求		检验方法
	乳粉	调制乳粉	
色泽	呈均匀一致的乳白色或乳黄色	具有应有的色泽	取适量试样置于干燥、洁净的白色盘（瓷盘或同类容器）中，在自然光下观察色泽和组织状态。冲调后，嗅其气味，用温开水漱口品尝滋味
滋味、气味	具有固有的乳滋味、气味	具有应有的滋味、气味	
组织状态	干燥均匀的粉末		

表3-83　理化指标

项目		指标		检验方法
蛋白质/（g/100g） ≥	牛乳粉	非脂乳固体[a]的34%		GB 5009.5—2016
	调制牛乳粉	16.5		
脂肪[b]/（g/100g） ≥	牛乳粉	26.0		GB 5009.6—2016
复原乳酸度/°T	牛乳粉	≤18		GB 5009.239—2016
杂质度/（mg/kg）	乳粉	≤16		GB 5413.30—2016
水分/（g/100g）	≤		5.0	GB 5009.3—2016

注：a 非脂乳固体（%）=100（%）-脂肪（%）-水分（%）
　　b 仅适用于全脂乳粉

表3-84　微生物限量

项目	采样方案[a]及限量				检验方法
	n	c	m	M	
菌落总数[b]/（CFU/g）	5	2	5.0×10^4	2.0×10^5	GB 4789.2—2022
大肠菌群/（CFU/g）	5	1	10	100	GB 4789.3—2016

注：a 样品的采集及处理按GB 4789.1—2016和GB 4789.18—2024执行。
　　b 不适用于添加活性菌种（好氧和兼性厌氧）的产品（如添加活菌，产品中的活菌数应≥10^6）。

食品添加剂的使用应符合GB 2760—2024的规定。
食品营养强化剂的使用应符合GB 14880—2012的规定。

(二)全脂乳粉质量标准

针对全脂乳粉,乳制品行业制定了中国乳制品工业行业规范(RHB 201—2004)《全脂乳粉感官评鉴细则》,全脂乳粉感官评分标准见表3-85。

表3-85 全脂乳粉感官评分标准

项目		特征	得分
色泽 (10分)		色泽均一,呈乳黄色或浅黄色;有光泽	10
		色泽均一,呈乳黄色或浅黄色;略有光泽	9~8
		黄色特殊或带浅白色;基本无光泽	7~6
		色泽不正常	5~4
组织状态 (20分)		颗粒均匀、适中、松散、流动性好	20
		颗粒较大或稍大、不松散,有结块或少量结块,流动性较差	19~16
		颗粒细小或稍小,有较多结块,流动性较差;有少量肉眼可见的焦粉粒	15~12
		粉质粘连,流动性非常差;有较多肉眼可见的焦粉粒	11~8
冲调性 (30分)	下沉时间 (10分)	≤10s	10
		11~20s	9~8
		21~30s	7~6
		≥30s	5~4
	挂壁和小白点 (10分)	小白点≤10,颗粒细小;杯壁无小白点和絮片	10
		有少量小白点,颗粒细小;杯壁上的小白点和絮片≤10个	9~8
		有少量小白点,周边较多,颗粒细小;杯壁有少量小白点和絮片	7-6
		有大量小白点和絮片,中间和四周无明显区别;杯壁有大量小白点和絮片而不下落	5~4
	团块 (10分)	0	10
		1≤团块≤5	9~8
		5≤团块≤10	7~6
		团块>10	5~4
滋味和气味 (40分)		浓郁的乳香味	40
		乳香味不浓,无不良气味	39~32
		夹杂其他异味	31~24
		乳香味不浓同时明显夹杂其他异味	23~16

任务实施

⚠ 安全提示

乳粉加工过程存在高温烫伤、机械压伤等潜在风险,请熟记防止高温烫伤、防止机械伤害、当心触电等安全标识,如图3-60所示,严格执行安全预防措施,避免直接接触杀菌设备部件。

（1）防止高温烫伤　　（2）防止机械伤害　　（3）当心触电

图3-60　安全标识

活动一　准备工作

制定全脂乳粉加工方案

（一）明确全脂乳粉产品质量标准

查阅（GB 19644—2024）《食品安全国家标准　乳粉和调制乳粉》等乳粉相关资料，明确乳粉产品质量标准，完成表3-86。

表3-86　乳粉质量标准

乳粉质量标准	要求与指标	
感官要求	色泽：_____ 组织状态：_____	滋味、气味：_____
理化标准	脂肪：_____ 复原乳酸度：_____ 杂质度：_____	蛋白质：_____ 水分：_____
微生物限量	污染物限量：_____ 微生物限量：_____	真菌毒素限量：_____

（二）确定加工流程与过程工艺

查阅资料，确定全脂乳粉的工艺流程和条件，完成表3-87。

表3-87　全脂乳粉加工流程与要求

加工步骤	加工要求
高温短时杀菌	杀菌温度：85~87℃，时间：____s
浓缩终点	乳固体含量：____%，乳温：____℃ 相对密度：____，浓度：____°Bé
干燥	加热器温度：____℃，干燥时间：____s 出口温度：____℃
收粉	迅速从干燥室中排出并冷却，要求冷却至____℃以下

(三)原料准备

乳粉生产时,需要选择符合食品安全国家标准的生乳为生产原料。请根据企业乳粉理化指标转序标准,见表3-88,检查生乳验收转序质量指标,填写表3-89,完成乳粉转序单。

表3-88　某企业乳粉理化指标转序标准

产品名称	脂肪/%	蛋白质/%	非脂乳固体/%	酸度/°T	酒精试验	感官
乳粉	≥3.1	≥3.0	≥8.1	12~18	阴性	正常

表3-89　乳粉转序单

产品名称	乳粉					
转序方向	生乳验收——预处理					
理化指标	脂肪/%	蛋白质/%	非脂乳固体/%	总固体/%	水分/%	脂肪占干物质/%
				—		
	蔗糖/%	酸度/°T	酒精试验	感官	黏度	
	—		阴性	正常	—	
结论						
转序时间	年　　月　　日					
操作工签名						
检验员签名						
备注						

(四)包材准备

领取验收合格的乳粉包材,核对包材数量、包材外包装完好性及包材品种,填写表3-90和表3-91,核对无误后签名确认。

表3-90　乳粉包装材料领料单

领料部门:	日期:		编号:	
物料名称	规格型号	数量	质量	备注
领料人:	审批人:		仓管员:	

表3-91 乳粉包装材料领入记录

包材名称					
领入日期	订单号	生产日期	编号	数量	领入人

活动二 全脂乳粉加工

一、浓缩

采用三效降膜蒸发器对生乳进行真空浓缩，按照表3-92设置参数，待温度和压力稳定后开始进料，开始浓缩作业。设备运行过程中，供蒸汽压力控制在1.0~1.2MPa，热压泵的压力控制在0.4~0.6MPa。设置冷凝器真空度0.078~0.085MPa，冷凝器温度35~50℃。

表3-92 真空浓缩工艺参数

参数	加热温度/℃	分离室温度/℃	加热器真空度/MPa	分离室真空度/MPa
一效加热	70~83	63~75	0.035~0.050	0.045~0.068
二效加热	60~65	55~65	0.045~0.060	0.060~0.075
三效加热	55~68	45~55	0.055~0.070	0.078~0.085

浓缩终点确认：浓缩终点乳固体含量为40%~45%。乳温在45~50℃范围，其相对密度应在1.110~1.125，浓度为11.5~13°Bé。取样测定浓缩乳的相对密度和波美度，填写表3-93，达到标准后，打开送料阀，将浓缩乳送至浓缩乳平衡缸后进入干燥工序。

表3-93 结果记录表

测定次数	相对密度	波美度/°Bé
一次测定		
二次测定		
三次测定		

二、干燥

将过滤的空气由鼓风机送入加热器，加热至130~180℃（有的装置达200℃），送入喷雾干燥塔。与此同时，温度为45~50℃的浓缩乳，经雾化器雾化成直径为100~200μm的乳滴液，在与热空气接触的瞬间，微细的乳滴干燥成粉末，沉降在干燥塔底部，并通过出粉装置连续卸出，经冷却、过筛后进行储存。水分的脱除使液滴的重量降低、体积缩小。在理想条件下，重量将会下降50%，容积缩小至原来的40%，颗粒大小降到从喷雾器中出来时的75%。喷雾干燥参数设置及注意事项如表3-94所示。

表3-94　喷雾干燥参数设置及注意事项

实施阶段	参数设置	注意事项
雾化（雾化器）	设置温度：130~180℃	雾化后达100~200μm
干燥（干燥塔）	出口温度：70~75℃ 干燥时间：15~30s	在恒速干燥阶段，干燥塔内的温度和湿度相对恒定

活动三　全脂乳粉感官评价

一、准备工作

（一）阅读标准

阅读中国乳制品工业行业标准（RHB 201—2004）《全脂乳粉质量评鉴细则》，重点阅读人员要求、评鉴方法、评鉴要求、数据处理等必要性条文。

（二）样品制备

从包装完好的产品中取适量（50~100g）的样品放于敞口透明容器中，不得与有毒、有害、有异味或是影响样品风味的物品放在一起。

（三）环境准备

（1）感官评鉴实验室应设置于无气味、无噪声区域中。为了防止评鉴前通过身体或视觉的接触，使评鉴员得到一些片面的、不正确的信息，影响他们感官反应和判断，评鉴员进入评鉴区时要避免经过准备区和办公区。

（2）整理清洁评鉴工作台，保持整洁干净，准备漱口用40℃左右的纯净水。

（3）调节评鉴实验室照明光源，将光线均匀分布在评鉴工作台面上，去除阴影。

二、依据标准感官评分

（一）全脂乳粉感官评价步骤

1. 包装

取全脂乳粉样品进行观察。

2. 色泽

在灯光下观察乳粉的色泽及均一度。

3. 滋味和气味

取50g样品，先闻气味，然后用温开水漱口，再品尝样品的滋味。

4. 组织状态

取50g样品，在灯光下观察组织状态，可通过触觉或借助其他工具辅助判定。

（二）全脂乳粉感官评分

依据中国乳制品工业行业标准（RHB 201—2004）《全脂乳粉质量评鉴细则》中的评分标准，见表3-85。对全脂乳粉产品进行感官评分，填写完成表3-95。

表3-95　全脂乳粉感官评分表

评价指标	特征描述	得分
色泽（10分）		
组织状态（20分）		
冲调性（30分）		
滋味和气味（40分）		
总计得分		

任务评价

请根据表3-96中的评价内容与标准，针对任务实施中的表现，完成评价任务。

表3-96　任务评价表

评价项目	评价内容与标准	评价结果
知识目标	能说出乳粉的定义和分类	是□ 否□
	能概述全脂乳粉的加工工艺流程	是□ 否□
	能概述真空浓缩和喷雾干燥的过程	是□ 否□
能力目标	能完成全脂乳粉加工准备工作	是□ 否□
	能完成全脂乳粉加工中真空浓缩操作	是□ 否□
	能完成全脂乳粉加工中喷雾干燥操作	是□ 否□
	能完成全脂乳粉产品感官评价	是□ 否□
素养目标	养成严格按照操作规程操作的习惯	是□ 否□
	能与现场检验员等岗位有效沟通并汇报乳粉生产工作情况	是□ 否□

职场故事

乳粉配方与科研团队的故事

2008年"三聚氰胺事件"后,外资品牌迅速抢占中国市场,市场占有率一路升高,在2015年达到顶峰为60%。但近年来,国家出台多项政策,加强对乳粉业的引导和监管,国内乳粉质量、口碑逐步提升,消费者信心恢复,国内乳粉品牌的市场占有率不断提升。某国内乳制品企业的企业文化是多从消费者角度出发,坚持认为:"做研发,不能闭门造车,要多与消费者接触,了解消费者的需求。"

有一天,该企业开展顾客调查,企业下属Y研究团队,在参与"XX"婴幼儿产品项目调研时,发现很多宝妈反映,给宝宝冲泡乳粉时,如果动作比较"猛烈",奶液就会摇出很多泡沫。宝妈担心泡沫太多,会导致宝宝在喝奶时吸入不少气体,产生吐奶或腹胀。本着从研究消费者需求出发的原则,为了让更多宝妈不再为冲泡乳粉产生的泡沫苦恼,保护宝宝的胃,Y团队开始尝试优化乳粉加工工艺和配方。

他们先是查阅大量科研文献,阅读近50篇文献后依旧毫无收获,但他们没有放弃,团队的每位研究人员仍坚持阅读大量文献,最终在一篇学术论文中获得了启发。随后他们开展大量预实验,试图创新乳粉加工工艺,但一开始并不顺利,多次尝试后仍不能成功。此时,团队成员意志消沉,团队负责人立刻召开会议,在这次会议上除了分析实验具体的操作以外,负责人还专门播放了对宝妈的采访视频。会议结束后团队成员更加明确一定要解决好这个问题,让中国千千万万的宝妈放心。随着实验的进行,他们逐渐发现在实验中没有能够准确测量液体体积的工具,Y团队再次回到阅读文献的阶段,这次他们很顺利地发现"具塞量筒"这种既能保证密封又方便读数的科学测量工具,正适合进行乳制品的冲调实验。随后,经过无数次模拟冲调场景,他们总结出一套动作方法。为了确保数据准确,他们还收集了涵盖市面上所有主流配方品类的32款婴儿乳粉,逐个冲调,记录下每个配方的泡沫高度,从中分析寻找较低泡沫的对应配方。最终,Y和其团队成功解决了奶液会摇出泡沫的问题,有效降低了产品冲调过程中泡沫的产生。

此后,更是针对消费者提出的"羊奶更有营养但有膻味儿"的问题,对如何优化羊乳配方进行研究,他们依旧不怕困难,在没有经验的情况下先去查阅资料,想尽办法去找文献、分析总结、设计改进方案、一次次进行验证。从膻味儿来源开始探究,找出产生膻味儿的主要成分的组成,再针对性搜寻能包埋或者破坏该成分的有效因子。经过不懈努力,团队逐渐突破了从工艺生产到体系的稳定性、口味等一系列难关,完成新品研发,并申请了相关专利。

只要在学习的道路上不怕苦难,勤于动脑,多想办法查资料,一定会有所收获的!

思考练习

1. 乳粉的主要种类有哪些?
2. 请简述乳粉的加工工艺流程,全脂乳粉的生产步骤。
3. 请调查一下目前市场上常见的乳粉的商品,并比较它们的蛋白质含量及价格,填写完成表3-97。

表3-97　全脂乳粉调查表

乳粉商品名称	类型	蛋白质含量	价格

表3-87全脂乳粉加工流程与要求,参考答案

加工步骤	加工要求
高温短时杀菌	杀菌温度:85~87℃,时间: 15 s
浓缩终点	乳固体含量: 40%~45 %,乳温: 45~50 ℃ 相对密度: 40~45 ,浓度: 11.5~13 °Bé
干燥	加热器温度: 130~180 ℃,干燥时间: 15~30 s 出口温度: 70~75 ℃
收粉	迅速从干燥室中排出并冷却,要求冷却至 30 ℃以下

任务六　奶油加工

学习目标

1. 能说出奶油定义、种类及组成。
2. 能概述奶油的加工工艺流程。
3. 能按产品质量要求完成奶油加工。
4. 能按标准要求完成奶油感官评价。
5. 建立奶油生产安全意识和产品质量意识。

任务描述

奶油加工是乳制品加工的一个重要分支。本次学习任务是:奶油加工,以生牛乳为原料,制作含脂率为80%的奶油,主要包含加工前的准备工作、奶油加工、奶油感官评价三部分操作。

知识准备

一、稀奶油、奶油及无水奶油的定义

(GB 19646—2010)《食品安全国家标准 奶稀油、奶油和无水奶油》中规定:

稀奶油是以乳为原料,分离出的含脂肪的部分,添加或不添加其他原料、食品添加剂和营养强化剂,经加工制成的脂肪含量10.0%~80.0%的产品。

奶油是以乳和(或)稀奶油(经发酵或不发酵)为原料,添加或不添加其他原料、食品添加剂和营养强化剂,经加工制成的脂肪含量不小于80.0%产品。

无水奶油是以乳和(或)奶油或稀奶油(经发酵或不发酵)为原料,添加或不添加食品添加剂和营养强化剂,经加工制成的脂肪含量不小于99.8%的产品。

二、奶油分类

奶油最常见的分类方法是国标中按照脂肪含量分类,如图3-61所示。

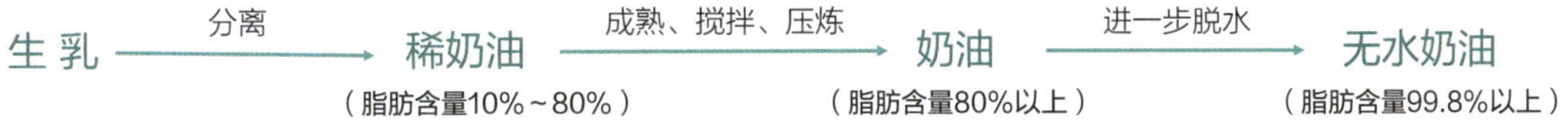

生乳 —分离→ 稀奶油(脂肪含量10%~80%) —成熟、搅拌、压炼→ 奶油(脂肪含量80%以上) —进一步脱水→ 无水奶油(脂肪含量99.8%以上)

图3-61 奶油按照脂肪含量分类示意图

三、奶油加工基本过程

奶油加工一般可以分为稀奶油加工、奶油加工、奶油包装三个阶段。

(一)稀奶油加工

这个阶段的目的是产生稀奶油,并使稀奶油标准化。

1. 稀奶油分离

稀奶油分离方法一般有"静置法"和"离心法"两种。

静置法,也称为重力法,将生乳低温下静置24~36h,由于乳脂肪的密度低于生乳中的其他成分,因此密度小的脂肪球逐渐上浮到乳表面形成含脂率15%~20%的稀奶油。利用这种方法分离稀奶油的缺点是脂肪损失多、耗时长、容积大、乳脂分离不彻底。

离心法,是根据乳脂肪与乳中其他成分之间密度不同,利用离心力的作用,使密度不

同的两部分分离出来。连续式牛乳分离机不仅大大缩短了乳的分离时间,提高了奶油加工率,同时还因为连续分离保证了卫生条件,提高了产品质量。该法也是现代化生产普遍采用的方法。

2. 稀奶油的标准化

为了在加工时减少乳脂的损失和保证产品的质量,在加工前必须将稀奶油进行标准化。

不同方法生产的稀奶油对标准化的要求也不尽相同,用间歇方法生产新鲜稀奶油及酸性稀奶油时,稀奶油的含脂率以30%~35%为宜;以连续法生产时,规定稀奶油的含脂率一般为40%~45%;夏季由于容易酸败,所以用比较浓的稀奶油进行加工。

(二)奶油加工

这阶段的目的是脂肪结晶、成团、去除蛋白质、乳糖等杂质,使脂肪含量提升,一般包含中和、杀菌、物理成熟、搅拌、洗涤、加盐、压炼等工序。因奶油品种的不同,加工工序略有差异,如发酵奶油的生产线见图3-62。

1. 中和

稀奶油的中和直接影响奶油的保存性,关系到成品的质量。制造甜性奶油时,奶油的pH(奶油水分的pH)应保持在中性附近(6.4~6.8)。

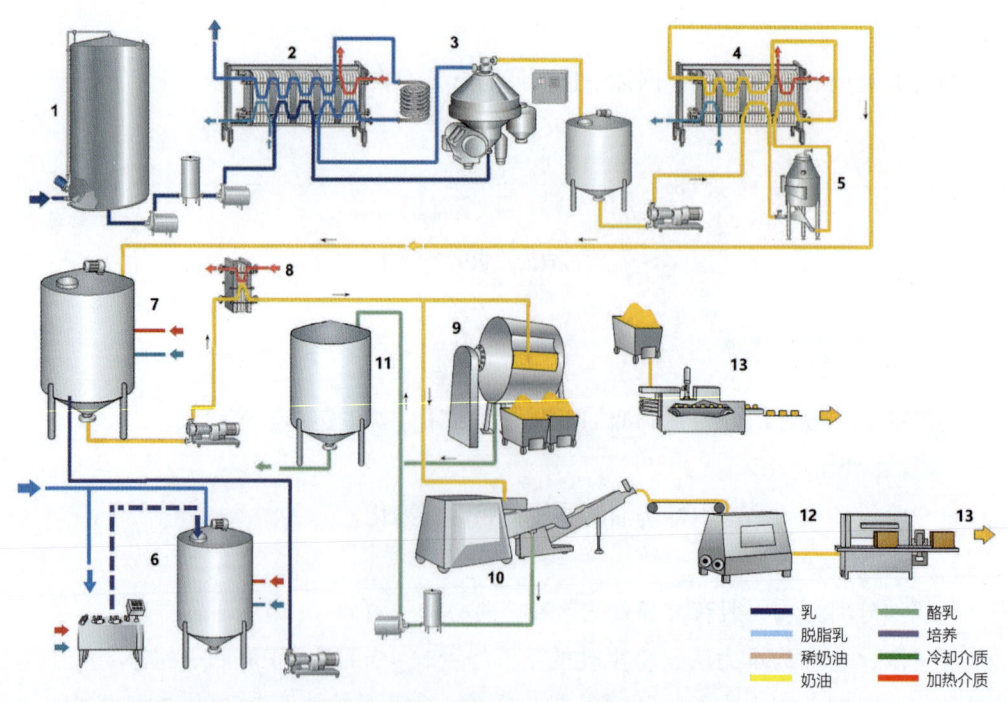

图3-62 发酵奶油生产线

1—原料乳贮藏罐 2—板式热交换器(预热) 3—奶油分离机 4—板式热交换器(巴氏杀菌) 5—真空脱气机 6—发酵剂制备系统 7—稀奶油的发酵和成熟 8—板式热交换器(温度处理) 9—批量奶油压炼机 10—连续压炼机 11—酪乳暂存罐 12—带传送的奶油仓 13—包装机

稀奶油中和的目的是防止酸度高的稀奶油在加热杀菌时，其中的酪蛋白受热凝固，这时一些脂肪被包在凝块内而导致乳脂肪损失，而且凝固物进入奶油会使其保存性降低，另外由于中和使奶油的风味得以改善，品质统一。一般中和到酸度为20～22°T，不应该加碱过多，否则容易产生不良气味。

中和可使用的碱有碳酸钠、碳酸氢钠、氢氧化钠等。中和时会产生二氧化碳，应注意容器不得过小，速度不应过快，以防稀奶油溢出。

2. 杀菌

杀菌的主要目的是杀灭能使奶油变质及危害人体健康的微生物；破坏稀奶油中脂肪酶，以防止引起的脂肪分解产生酸败。

杀菌温度直接影响稀奶油的风味。脂肪的导热性很低，会阻碍温度对微生物的作用；同时为了使酶完全被破坏，有必要进行高温巴氏杀菌。

稀奶油的杀菌方法一般分为间歇式和连续式两种。小型工厂多采用间歇式，其方法是将盛有稀奶油的桶置于热水槽内，水槽再用蒸汽等加热，使稀奶油温度达到90～95℃，保持数十秒，加热过程中要进行搅拌。大型工厂则多采用板式高温杀菌器或超高温瞬时杀菌器，连续进行杀菌，瞬间加热至110～120℃，15～30s后，再进行冷却，在杀菌前可增加脱气工序，使稀奶油脱臭，有助于风味的改善，获得比较芳香的奶油。

3. 物理成熟

经杀菌后的稀奶油，需在低温下保存一段时间，这就是稀奶油的物理成熟。目的是使热融化的脂肪组织冷却至奶油脂肪的凝固点以下重新凝固，冷却过程中，乳脂肪中的大部分甘油酯由乳浊液状态转变为结晶固体状态，结晶的固体相越多，在搅拌和压炼过程中脂肪损失就越少。所以一般要求将杀菌后的稀奶油迅速冷却至5℃左右，以利于以后的处理。物理成熟的方法各地区应根据稀奶油中的脂肪组成来确定。一般根据脂肪中碘值的变化来确定不同的物理成熟条件。

4. 搅拌

稀奶油的搅拌是奶油制造的重要操作之一，其目的是使脂肪球互相聚结形成奶油粒，同时分离酪乳。该过程要求在较短时间内形成奶油粒，且酪乳中的脂肪含量越少越好。

将奶油置于奶油搅拌机中，间歇式生产中的奶油搅拌机见图3-63，利用机械的冲击力使脂肪球膜破坏而形成脂肪团粒，分离出来的液体称为酪乳。

5. 洗涤

奶油粒洗涤是为了除去残余在奶油粒表面的酪乳和调整奶油的硬度，提高奶油的保存性。酪乳中含有

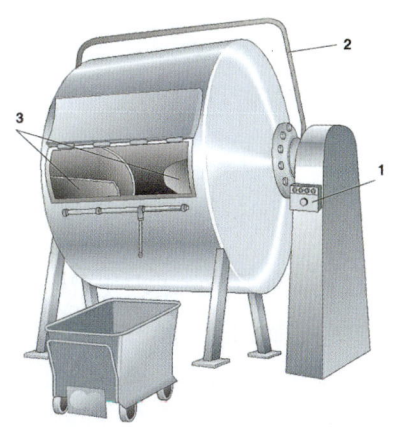

图3-63　间歇式生产中的奶油搅拌机
1—控制板　2—紧急停止　3—角开挡板

蛋白质及糖，利于微生物的生长，所以要尽量减少奶油中这些成分的含量。

洗涤的方法是将酪乳放出后，在搅拌机中通入杀菌冷却后的清水对奶油粒进行清洗，加水量为稀奶油的一半，水温需根据奶油软硬程度而定。奶油粒较软时应使用比稀奶油低1～3℃的水。一般水温在3～10℃。夏季水温宜低，冬季水温稍高。注水后慢慢转动3～5圈进行洗涤，停止转动后将水放出。必要时可以清洗几次，直到最终排出的水干净为止。

6．加盐

加盐的目的是改善风味，抑制微生物的繁殖，提高其保存性。酸性奶油一般不加盐，而甜性奶油有时要加盐。在间歇生产中，盐撒在奶油的表面，在连续式奶油制造机中，则在奶油中加盐水。加盐以后，为了保证盐的均匀分布，必须强有力地压炼奶油。

7．压炼

将奶油粒压成奶油层的过程称为压炼。小规模加工奶油时可以在压炼台上用手工压炼；一般工厂均在奶油制造器中进行压炼。

压炼的目的是使奶油粒变成致密的奶油层，同时使水滴分布均匀，使食盐全部溶解并均匀分布于奶油中。压炼的同时需调节水分含量，即在水分过多时排出多余的水分，水分不足时加入适量的水使其均匀吸收。

奶油压炼方法有搅拌机内压炼和搅拌机外专用压炼机压炼两种，现在大多采用机内压炼方法，即在搅拌机内通过轧辊对奶油粒进行挤压从而达到目的。此外还可以在真空条件下压炼，使奶油中空气量减少。压炼完成后的奶油含水量要在16%以下，水滴必须达到极微小状态，奶油切面上不允许有流出的水滴。

（三）奶油包装

奶油根据其用途可分成餐桌用奶油、烹调用奶油和食品工业用奶油等。餐桌用奶油是直接食用，故必须是优质的，需小包装，一般用硫酸纸、塑料夹层纸、复合薄膜等包装材料包装，也有用马口铁罐进行包装的。食品工业用奶油，由于其用量大，常用大包装。奶油经包装机包装后，送入冷库储存。保质期只有2～3周时，可以放入0℃冷库中；储存6个月以上时，应放入–15℃冷库中；当保质期超过1年时，应放入–25～–20℃冷库中。

四、奶油加工常见问题

奶油的质量除了理化指标和微生物指标必须符合国家标准规定以外，还应具备良好的风味，正确的组织状态和色泽，但往往因原料、加工和贮藏等因素造成的一些问题。奶油加工中常见的问题、产生原因及解决措施见表3-98。

表3-98 奶油加工常见问题、产生原因及解决措施

常见问题		主要原因	解决措施
风味不正	鱼腥味	卵磷脂水解,生成三甲胺	加工中加强杀菌和卫生措施
	酸败味	脂肪在解脂酶的作用下生成低分子游离脂肪酸造成的	提高杀菌强度,破坏解酯酶
	干酪味	加工条件差、霉菌污染或原料稀奶油的细菌污染,导致蛋白质分解	加强加工环境的消毒工作
	肥皂味	稀奶油中和过度,或是中和操作过快,导致局部皂化	减少碱的用量或改进操作
	金属味	奶油接触铜、铁设备而产生的金属味	防止奶油接触生锈的铁器或铜制阀门等
	苦味	使用泌乳末期的牛乳或奶油被酵母污染	不使用泌乳末期的牛乳
	平淡无味	原料乳不新鲜、洗涤及脱臭过度等	原料乳新鲜,控制洗涤度及脱臭度
组织状态缺陷	软膏状或黏胶状	压炼过度、洗涤温度过高或稀奶油酸度过低和成熟不足等	控制好压炼程度、洗涤温度、稀奶油酸度及成熟度等
	组织松散	压炼不足、搅拌温度过低等造成液态油过少,出现松散奶油	控制好压炼程度、搅拌温度等
	砂状	此缺陷出现在加盐奶油中,盐粒粗大,未能溶解所致。有时出现粉状,并无盐粒存在,是中和时蛋白质凝固混合于奶油中所致	控制盐粒的粗细度
色泽缺陷	色淡	此缺陷容易出现在冬季加工的奶油中,由于奶油中胡萝卜素含量太少,致使奶油色淡,甚至白色	添加胡萝卜素进行调整
	条纹状	此缺陷容易出现在干法加盐的奶油中,盐加得不均匀、压炼不足等	加盐均匀;控制压炼程度
	表面褪色	奶油暴露在阳光下,发生光氧化	避光保存
	色暗而无光泽	压炼过度或稀奶油不新鲜	控制压炼程度;选用新鲜稀奶油

五、奶油加工工艺流程

奶油加工工艺流程如图3-64所示。

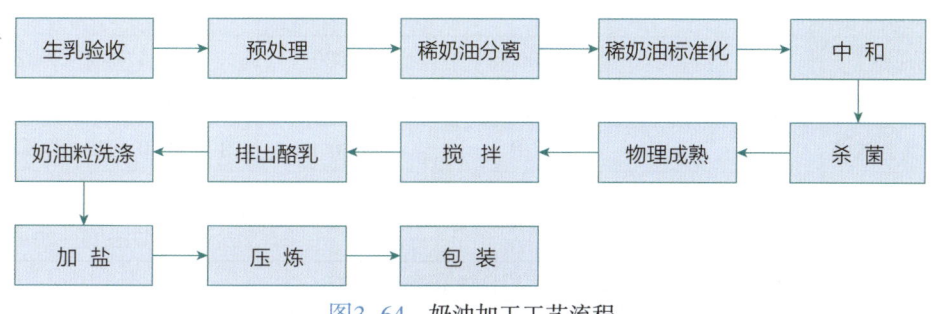

图3-64 奶油加工工艺流程

六、奶油质量标准

（一）奶油食品安全国家标准

奶油质量标准要符合（GB 19646—2010）《食品安全国家标准 奶稀油、奶油和无水奶油》中的感官要求、理化指标、微生物限量要求，见表3-99～表3-101。

表3-99　感官要求

项目	要求	检验方法
色泽	呈均匀一致的乳白色、乳黄色或相应辅料应有的色泽	取适量试样置于50mL烧杯中，在自然光下观察色泽和组织状态，闻其气味，用温开水漱口，品尝滋味
滋味、气味	具有稀奶油、奶油、无水奶油或相应辅料应有的滋味和气味，无异味	
组织状态	均匀一致，允许有相应辅料的沉淀物，无正常视力可见异物	

表3-100　理化指标

项目		指标			检验方法
		稀奶油	奶油	无水奶油	
水分/%	≤	—	16.0	0.1	奶油按GB 5009.3—2016的方法测定；无水奶油按GB 5009.3—2016中的卡尔费休法测定
脂肪/%	≥	10.0	80.0	99.8	GB 5413.3^a
酸度^b/°T	≤	30.0	20.0	—	GB 5009.239—2016
非脂乳固体^c/%	≤	—	2.0	—	

注：a 无水奶油的脂肪（%）=100%-水分（%）。
　　b 不适用于以发酵稀奶油为原料的产品。
　　c 非脂乳固体（%）=100%-脂肪（%）-水分（%）（含盐奶油还应减去食盐含量）。

表3-101　微生物限量

项目	采样方案^{a}及限量（若非制定，均以CFU/g或CFU/mL表示）				检验方法
	n	c	m	M	
菌落总数^b	5	2	10000	100000	GB 4789.2—2022
大肠菌群	5	2	10	100	GB 4789.3—2016平板计数法
金黄色葡萄球菌	5	1	10	100	GB 4789.10—2016平板计数法
沙门氏菌	5	0	0/25（mL）	—	GB 4789.4—2024
霉菌 ≤			90		GB 4789.15—2016

注：a 样品的分析及处理按GB 4789.1—2016和GB 4789.18—2024执行。
　　b 不适用于以发酵稀奶油为原料的产品。

（二）奶油感官质量评鉴细则

针对奶油，乳制品行业制定了中国乳制品工业行业规范（RHB 401—2004）《奶油感官质量评鉴细则》，细则适用于奶油的感官评鉴。奶油感官评分要求见表3-102。

表3-102　奶油感官评分表

项目	特征	得分
滋味和气味 （65分）	具有奶油的纯香味，无其他异味	65
	味纯，但香味较弱	63～61
	平淡而无滋味	55～50
	有较弱的饲料味	50～45
	有较显著的不愉快异味	45～40
组织状态 （25分）	组织状态正常	25
	较柔软发腻、粘刀或脆弱、疏松者	15～12
	有孔隙或水珠	15～12
	外表浸水	15～12
色泽 （5分）	正常、均匀一致	5
	过白或着色过度	3～2
	色泽不一致	2～1
外形 （5分）	外形良好，具有该产品正常的形状	5
	包装合格	4
	包装较差	3

任务实施

⚠ 安全提示

加工奶油加工过程存在高温烫伤、机械压伤等潜在风险，请熟记防止高温烫伤、防止机械伤害、当心触电等安全标识，如图3-65所示，严格执行安全预防措施，避免直接接触杀菌设备部件。

乳制品加工

（1）防止高温烫伤　　（2）防止机械伤害　　（3）当心触电

图3-65　安全标识

活动一　准备工作

一、奶油加工方案

（一）明确奶油产品质量标准

查阅（GB 19646—2010）《食品安全国家标准　奶稀油、奶油和无水奶油》等相关资料，明确奶油产品的质量标准，完成表3-103。

表3-103　奶油质量标准

奶油产品质量标准	要求与指标	
感官要求	色泽：_____ 滋味和气味：_____	组织状态：_____
理化标准	水分：_____ 脂肪：_____	酸度：_____ 非脂乳固体：_____
微生物限量	菌落总数：_____ 致病菌：_____	大肠菌群：_____

（二）确定加工流程与过程工艺

查阅资料，确定奶油加工的工艺流程和条件，完成表3-104。

表3-104　奶油加工流程与要求

加工步骤	加工要求	
中和	pH：_____	酸度：_____
杀菌	温度：_____	时间：_____
物理成熟	杀菌后迅速冷却至____℃	
搅拌	利用_____使脂肪球膜破坏而形成脂肪团粒	
洗涤	水温：____℃	转动：____圈

续表

加工步骤	加工要求
加盐	食盐在____℃下烘烤____min；添加量_____
压炼	一般工厂在_____中进行压炼。

二、原辅料准备

（一）原料准备

奶油原料选择符合食品安全国家标准的生牛乳为生产原料，请根据企业奶油理化指标转序标准，见表3-105，检查生乳验收转序质量指标，填写表3-106，完成奶油转序单。

表3-105　某企业奶油理化指标转序标准

产品名称	脂肪/%	蛋白质/%	非脂乳固体/%	酸度/°T	酒精试验	感官
奶油	≥3.1	≥3.0	18.1	12～18	阴性	正常

表3-106　奶油转序单

产品名称	奶油					
转序方向	生乳验收——预处理					
理化指标	脂肪/%	蛋白质/%	非脂乳固体/%	总固体/%	水分/%	脂肪占干物质/%
				—	—	—
	蔗糖/%	酸度/°T	酒精试验	感官	黏度	
	—		阴性	正常	—	
结论						
转序时间	年　　月　　日					
操作工签名						
检验员签名						
备注						

（二）配料

按2.5%的比例计算奶油加盐量，填写表3-107。

表3-107 奶油配料单

配料名称	质量	备注
生乳	1000kg	符合国家标准
食盐		无碘精制盐

活动二 奶油加工

一、标准化

（一）分离

工业化生产采用离心法来实现牛乳分离。生产操作时将离心机开动，当转速处于4000～9000r/min时，将预热到55～60℃的牛乳输入，通过高速旋转的离心分离机将牛乳分离成稀奶油和含脂率非常低的脱脂乳。

（二）测定脂肪含量

请测定稀奶油和脱脂乳的脂肪含量，填写表3-108。

表3-108 稀奶油和脱脂乳脂肪含量

样品测定	A稀奶油脂肪含量/%	B脱脂乳脂肪含量/%
第一次测定		
第二次测定		
第三次测定		
平均值		

（三）计算

将以上测定结果结合最终产品目标脂肪含量，利用十字交叉法计算稀奶油和脱脂乳的添加量，如图3-66所示。

假设测得的稀奶油和脱脂乳的脂肪含量分别为 $A=40\%$，$B=0.05\%$，最终产品脂肪含量要求 $C=30\%$，利用十字交叉法计算，斜对角上 $C-B=29.95\%$ 及 $A-C=10\%$，因此，需将29.95kg 40%的稀奶油和10kg 0.05%的脱脂乳混合，即可得到39.95kg 30%的标准化稀奶油产品。

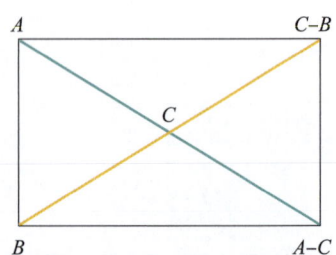

图3-66 产品中脂肪含量的计算
A—稀奶油的脂肪含量 B—脱脂乳的脂肪含量 C—最终产品的脂肪含量

（四）直接在管线上标准化

在拥有多种产品生产能力的现代化乳制品加工厂中，直接在管线上标准化操作。为达到所要求的值，通常用控制阀、流量计、密度计和计算机化控制环路来调节原乳和稀奶油的脂肪含量。

二、中和

使用碳酸钠作为中和剂缓缓加入稀奶油中，同时搅拌均匀，使其酸度达到20°T。将中和好的稀奶油冷却至4～12℃，存储时间不超过48h。

三、物理成熟

将稀奶油在85～90℃下杀菌15min。冷却后进入物理成熟阶段。

测定稀奶油的碘值，查阅表3-109，根据测定结果选择合适的物理成熟条件进行操作。

表3-109　各种不同碘值的稀奶油成熟温度与搅拌温度

碘值	稀奶油成熟温度/℃	搅拌温度/℃
<28	8～21～20	12
28～29	8～21～16	14
30～31	8～20～13	14
32～34	8～19～12	13
35～37	6～17～11	12
38～39	6～15～10	11
>40	20～8～11	10

例如，当测得碘值为29时，采取的处理程序如下：

（1）杀菌后迅速冷却到约8℃，并在此温度下保持大约2h；

（2）用最高温度为27℃的水缓缓加热稀奶油到20～21℃，并在此温度下至少保持2h；

（3）冷却到约16℃然后到搅拌温度。

随着碘值的增加，热处理温度从20～21℃相应地降低，同时将形成大量的脂肪结晶，并吸附更多的液体脂肪。

四、搅拌

将稀奶油置于搅拌器中，装入量为搅拌器的40%～50%。开始搅拌时，搅拌机转3～5圈后停止旋转，排出空气。根据搅拌机型号设定转速，按照规定的转速进行搅拌到奶油粒形成为止，一般完成搅拌所需的时间为30～60min，小的脂肪球将被搅拌聚合成大粒的脂肪球，而酪乳通过一个70目的滤网被排出。

五、洗涤

将酪乳放出后,在搅拌机中通入杀菌冷却后的清水对奶油粒进行清洗,加水量为稀奶油量的50%左右,水温设定为5℃,注水后慢慢转动3~5圈进行洗涤,停止转动后将水放出。水洗2~3次,直到最终排出的水澄清为止。

六、加盐

加盐时,先将食盐在120~130℃下烘烤3~5min,然后通过30目筛。待奶油洗涤水排出后,在奶油表面均匀撒上烘烤过筛的盐。奶油成品中的食盐含量以2%为标准,由于在压炼时部分食盐流失,因此添加时按2.5%~3.0%的量加入。加入后静置10min左右,然后进行压炼。

七、压炼

采用机内压炼方法,在搅拌机内通过轧辊对奶油粒进行挤压。慢慢旋转搅拌桶的同时开动压榨轧辊,将水分压出,每通过压榨轧辊3~4次,测定一次含水量,填写表3-110。当含水量达到16%以下时,再压几次使其分布均匀。

表3-110 奶油含水量

样品测定	含水量/%
第一次测定	
第二次测定	
第三次测定	
第四次测定	
第五次测定	
第六次测定	

八、包装

将奶油包装成10g的小包,选用铝箔包装材料,使用灌装机进行自动包装。打印产品批号,检查批号是否正确,字迹清晰,排列整齐。

为保持奶油的硬度和外观,奶油包装后应尽快进入冷库并冷却到5℃,存放24~48h。当储存期为2~3周时,放入2~6℃冷藏库;当储存6个月以上时,放入-18℃冷冻库。

活动三 奶油感官评价

一、准备工作

（一）阅读标准

浏览阅读中国乳制品工业行业标准（RHB 401—2004）《奶油感官质量评鉴细则》，重点阅读人员要求、操作步骤、评鉴方法、评鉴要求、数据处理等必要性条文。

（二）样品制备

将选定用于感官评鉴的样品事先存放于10～12℃恒温箱中，保证在统一呈送时样品温度恒定和均一，防止因温度不均匀造成样品评鉴失真。

食品感官评鉴由于受到很多因素的影响，因此每次用于感官评鉴的样品数应控制在4～8个，每个样品的分量应控制在30～60g，对于实验所用器皿，一般采用玻璃材质的碟，也可采用没有其他异味的一次性碟作为感官评鉴实验用器皿，并根据样品的不同特性添加到不同的中性食品载体中。操作时，将样品定量混入所选用的载体中或载体上面，然后呈送给评鉴人员，样品的摆放顺序应注意让样品在每个位置上出现的概率是相同的或采用圆形摆放法。

（三）环境准备

（1）将评鉴实验室室温控制在20～22℃，相对湿度保持在50%～55%，保持通风情况良好，无气味，无噪声。

（2）整理清洁评鉴工作台，保持整洁干净，准备漱口用40℃左右的纯净水。

（3）调节评鉴实验室照明光源，将光线均匀分布在评鉴工作台面上，去除阴影。

二、依据标准感官评分

依据中国乳制品工业行业标准（RHB 401—2004）《奶油感官质量评鉴细则》中的评分标准，见表3-102。对奶油产品进行感官评分，填写完成表3-111。奶油感官评价步骤如下。

1. 外形和色泽

将样品置于自然光下进行观察。

表3-111 无水奶油的感官评价表

项目	特征描述	得分
滋味和气味 （65分）		
组织状态 （25分）		
色泽 （5分）		

续表

项目	特征描述	得分
外形 （5分）		

2. 滋味和气味

在通风良好的室内，取样品先闻其气味，多次品尝应用温开水漱口。

3. 组织状态

用小刀切取部分试样，置于白色盘中，在自然光下观察其组织状态。

任务评价

请根据表3-112中的评价内容与标准，针对任务实施中的表现，完成评价任务。

表3-112　任务评价表

评价项目	评价内容与标准	评价结果
知识目标	能概述稀奶油和奶油的概念、种类及组成	是□ 否□
	能说出稀奶油和奶油的加工工艺流程和工艺要点	是□ 否□
	能说出奶油加工过程中常见问题及原因	是□ 否□
能力目标	能完成奶油加工准备工作	是□ 否□
	能完成奶油加工中标准化操作	是□ 否□
	能完成奶油加工的中和、物理成熟操作	是□ 否□
	能完成奶油加工中搅拌、洗涤、加盐及压炼操作	是□ 否□
	能完成奶油感官评价	是□ 否□
素养目标	遵守奶油加工安全操作规范	是□ 否□
	建立奶油产品的安全与质量意识	是□ 否□

职场故事

匠心奶油　香浓传承

在北方草原，有一个被白色泡沫与甜蜜气息包围的小工厂，这里是"金乳坊"的所在地。工厂不大，但生产的奶油却闻名遐迩，每一勺都蕴含着匠人的心血和对品质的执着追求。

故事的主人公是位名叫李工匠的老工人，他已在这家乳制品企业工作了三十余年，从青涩的学徒到成为车间的技术骨干，他的一生都在与奶油打交道。李工匠对奶油制作的每一道工序都精益求精，无论是选材、搅拌，还是温控，他都如同对待自己的孩子般细致入微。

有一次,工厂接到一个大订单,客户要求在短时间内提供一大批高品质奶油。时间紧迫,任务重,整个车间陷入了忙碌而紧张的氛围中。然而,在一次常规的质量检测中,李工匠发现一批奶油的口感略有异样。虽然这种细微的差别对普通消费者来说几乎感觉不出来,但李工匠坚持认为,"金乳坊"的品质不能有丝毫妥协。

他立刻组织团队重新检查生产线,最终发现是温度控制系统出现了微小的偏差。李工匠亲自带领团队连夜调试设备,优化工艺流程。在他的带领下,团队成员齐心协力,不仅迅速解决了问题,还提高了整体的生产效率。

就这样,凭借李工匠的坚守和团队的努力,他们按时完成了订单,而且品质比以往任何时候都要好。客户收到产品后赞不绝口,这份来自市场的认可让"金乳坊"的名声更加响亮。

李工匠的故事在工厂里传为佳话,他用自己的行动诠释了什么是真正的工匠精神——不仅是精湛的技艺,更是对工作的热爱,对品质的坚持,以及对细节的苛求。

岁月流转,李工匠退休的日子终于来临。在他离开的那一天,工厂的每个角落都弥漫着淡淡的奶油香,那是对他最深的怀念。而他的工匠精神,则像这奶油的香气一样,继续在"金乳坊"流传,激励着一代又一代的乳制品人,用心守护着每一份甜蜜的承诺。

思考练习

1. 请调查一下目前市场上常见的奶油产品,填写表3–113。

表3–113 奶油调查表

商品名称	产品描述	生产企业	价格

2. 选取市场上不同的奶油产品,进行品质检验,填写表3–114。

表3–114 奶油品质检验结果记录

商品名称	检验指标			
	水分/%	脂肪/%	酸度/°T	非脂乳固体/%

行家讲述

乳品行业的环保要求

2022年10月16日总书记主持召开党的二十大报告中指出"推进生态优先、节约集约、绿色低碳发展""加快发展方式绿色转型""实施全面节约战略""发展绿色低碳产业""倡导绿色消费,推动形成绿色低碳的生产方式和生活方式""积极稳妥推进碳达峰碳中和""立足我国能源资源禀赋,坚持先立后破,有计划分步骤实施碳达峰行动""深入推进能源革命"。

乳品行业的环保要求日益严格,这既是对环境的保护,也是乳品企业可持续发展的必要条件。因此,我们应严格遵守乳品行业环保要求。

一、牧场环节的环保要求

1. 减排与节能
- 牧场需优化饲料结构,使用低碳能源,改进粪便管理等,以实现低碳管理。
- 通过科学养殖减少温室气体(如甲烷等)排放。

2. 水资源管理
- 牧场应合理规划和利用水资源,减少水资源浪费。
- 对奶牛粪便和废水进行无害化处理,避免对水体造成污染。

3. 废弃物处理
- 奶牛粪便等有机废弃物应经过堆肥化处理,转化为有机肥料,实现资源化利用。
- 其他废弃物应按照相关规定进行分类处理,避免对环境造成污染。

二、工厂加工环节的环保要求

乳品加工厂在环保要求方面的精细管理包含以下几个关键内容。

1. 废水处理管理
- 源头控制:优化生产流程,减少不必要的用水环节,从源头降低废水产生量。例如精准控制设备清洗用水,避免过度冲洗造成水资源浪费及废水增多。
- 分类处理:将不同污染程度、成分的生产废水(如设备清洗废水、车间地面冲洗废水等)分类收集,采用针对性的处理工艺,提高处理效率,确保排放达标。
- 实时监测:安装水质监测设备,实时掌握废水的酸碱度、化学需氧量、悬浮物等关键指标,便于及时调整处理措施。

2. 废气治理管理
- 收集系统优化:完善生产车间、储存区域等的通风和废气收集设施,保证在乳制品加工过程中（像喷雾干燥等环节产生的粉尘、异味气体）能被有效收集，防止无组织排放。

- 净化处理选择：依据废气成分，选用合适的净化技术，例如对于含异味的气体采用生物除臭、活性炭吸附等方法，确保排放的废气符合环保规定的气味和污染物浓度标准。

- 定期维护检测：定期对废气处理设备进行维护保养、检测其运行效果，保证设备正常运行，废气稳定达标排放。

3. 固体废弃物管理

- 分类存放：把生产过程中产生的不同类型固体废弃物（如废包装材料、乳制品生产废渣、过期产品等）严格分类存放，便于后续的处理或回收利用。

- 回收利用拓展：对于可回收的固体废弃物（如纸质包装、塑料容器等），建立完善的回收渠道，提高资源利用率；对于不能直接回收但可加工再利用的废渣等，可以探索合适的转化途径，如转化为饲料、肥料等。

- 无害化处置：对于确实无法回收利用的废弃物，按照环保要求选择合法合规的无害化处置方式，如交予有资质的垃圾处理单位进行焚烧、填埋等处理。

4. 噪声控制管理

- 设备选型优化：在采购新的生产加工设备、通风设备等时，优先选择低噪声、符合环保标准的设备，从源头减少噪声产生。

- 隔音降噪措施：对车间内噪声较大的设备，安装隔音罩、减震垫等设施；合理布局车间，将高噪声设备放置在相对远离厂界及人员活动频繁区域的地方，降低对外界环境和员工工作环境的噪声影响。

- 定期监测评估：定期开展厂界噪声监测，根据监测结果评估降噪措施的有效性，及时改进完善。

5. 能源资源精细管理

- 能源节约：采用节能型的生产设备、照明系统、空调系统等，合理安排生产计划，避免设备空转、低效运行等情况，降低能源消耗，如根据生产需求智能控制制冷、加热设备的运行时间和功率。

- 资源循环利用：探索水资源、热能等的循环利用模式，例如将处理后的中水回用于厂区绿化、车辆冲洗等环节；回收生产过程中的余热用于预热原料等，提高资源的整体利用效率。

6. 环保制度与人员培训

- 制度健全：建立完善的环保管理制度，明确各岗位人员在环保工作中的职责、操作规范、奖惩机制等，保障环保精细管理工作有章可循。

- 培训强化：定期组织员工开展环保知识、操作技能培训，提高员工的环保意识和对环保精细管理措施的执行能力，让环保理念融入到日常生产的各个环节中。

三、包装与运输环节的环保要求

1. 绿色包装
- 乳制品包装应采用可降解、可回收的材料，减少包装废弃物对环境的污染。
- 鼓励企业采用简约包装，减少包装材料的用量。

2. 低碳运输
- 优化乳制品运输路线，减少运输过程中的能源消耗和碳排放。
- 推广冷链物流技术，确保乳制品在运输过程中的品质和安全。

乳品行业的环保要求涉及牧场、加工、包装与运输等多个方面。这些要求旨在推动乳品企业实现节能减排、资源循环利用和可持续发展。随着环保法规的不断完善和消费者环保意识的提高，乳品企业应积极响应政府号召，加强自律，提升环保管理水平，为消费者提供更加安全、营养、美味的乳制品。

乳品行业的质量管理与控制

乳品行业关乎公众健康，其质量管理和控制尤其重要。乳制品因本身营养丰富，特别容易受到微生物污染，如大肠杆菌、酵母、霉菌、沙门氏菌、单核细胞增生李斯特菌等，此外，原料乳中可能含有农药、兽药、重金属等化学性的污染物，生产加工过程中也可能产生生物性、化学性、物理性、过敏原等食品安全风险。这使得乳品行业的质量管理和控制面临巨大挑战。

医者有三重境界：上医治未病，中医治病初，下医治病重。质量管理与之非常相似。把好从牧场到餐桌每一个环节的质量关，排除原辅料、生产过程、供应链上可能存在的"病因"，把合格产品平安交到顾客手中，是质量管理的最高境界。质量管理不是哪一个部门和哪一个人的事，而是企业全体成员的共同责任。

为了确保乳品质量和安全，乳品企业需要采取一系列质量管理与控制措施，涵盖原料采购与供应商管理、生产过程监控与改进、产品检验与放行控制以及售后服务与客户反馈处理多个环节。

1. 原料采购与供应商管理
- 对潜在供应商进行全面评估，包括其生产能力、质量管理体系、食品安全标准、环保合规等方面。
- 选择符合要求的合格供应商，并签订采购合同明确双方权责。
- 定期对供应商进行复查和监控，确保其持续符合采购标准和要求。
- 根据产品特性和食品安全法规，制定严格的原料质量标准，并设立原料检验环节，对每批进货的原料进行质量检验。

2. 生产过程监控与改进

首先要明确产品的合格标准。我们必须基于客户对产品功能的需求和期望，清晰定义产品合格标准和产品缺陷，用于后续对产品缺陷涉及到的条件进行管理和控制。

产品的缺陷或者不良品是过程浪费的主要来源之一，它会导致额外的成本、过高的产品价格或较低的利润等。如果在生产线上的内部缺陷或者不良品没有被及时发现，就可能引发一起投诉，从而导致客户满意度降低。为了获得更高概率的合格产品，可以管理和控制如下几个方面。

- 明确每个生产环节的操作步骤、关键控制点和质量标准，确保生产过程的规范化和标准化。
- 引入HACCP体系，对加工过程进行严格的质量把关，确保每一步符合相关标准和要求。
- 完善生产工艺流程规范，采用更先进、自动化程度更高的生产设备，提高生产效率和产品质量稳定性。
- 完善生产设备的日周月点检和维护保养体系，针对生产设备难以清洗的部位和清洗死角，进行定期的质量维护拆检和检查，并进行设备改进，消除食品安全风险。
- 对员工实施定期技能培训和考核，确保员工能够熟练掌握操作技能和质量标准。

3. 产品检验与放行控制

- 建立完善的产品检验制度，采用先进的检测技术，如色谱、质谱、光谱等，提高检测的准确性和效率。
- 推广无损检测技术，如超声波检测、红外热成像技术等，实现在线、快速、非破坏性的产品质量检测。
- 鼓励企业、科研机构等加强合作，研发新的检测技术和方法，不断提升乳制品行业的检测水平。

4. 售后服务与客户反馈处理

- 设立专门的售后服务部门，负责处理客户投诉、提供产品咨询等服务。
- 建立售后服务档案，记录客户问题、处理过程和结果，为后续产品质量改进提供依据。
- 定期收集客户反馈，通过调查问卷、电话访问等方式了解客户对产品质量的意见和建议，并持续改进产品质量。

乳品行业的质量管理和控制是一个系统工程，需要政府、企业和消费者共同努力。通过加强法规建设、完善监管体系、提升技术水平以及加强消费者参与等措施，推动乳品行业持续健康发展，为消费者提供更加安全、优质的乳制品。

乳品行业未来发展趋势

随着消费者对乳品质量和安全性的要求不断提高，乳品行业将继续朝着高品质、高安全性的方向发展。未来，乳品行业将呈现以下趋势。

1. 数字化转型

• 智能设备与系统应用：引入物联网技术，安装传感器、摄像头等信息设备，实现生产设备的自动化数据收集与智能化管理，建立中央集控系统操控所有设备，提高生产效率和管理便捷性。乳品企业将引入更先进的智能化生产设备，可能包括自动化生产线、智能检测系统、机器人等，以实现生产过程的自动化、智能化和精准化。

• 质量控制数字化：借助大数据分析和人工智能技术，对生产过程中的数据进行实时监测和分析，实现质量问题的预警和精准把控，确保产品质量稳定性。

• 建立数字化平台：构建完善的信息系统基础设施，整合企业内的供应链、销售渠道、财务管理、客户服务、员工培训等多个模块，实现各功能模块的信息在线化、数字化和追溯化，提高管理效率。

• 数据驱动决策：整合和分析企业内外部各类数据，挖掘潜在关联和规律，为企业决策提供科学依据，如市场需求预测、产品研发方向等。

• 研发过程优化：利用计算机模拟和数字孪生技术，建立虚拟生产环境，模拟和优化生产流程，降低新产品开发成本和时间。

2. 产品结构优化

• 满足多元需求：根据不同消费群体的需求，开发个性化、功能化产品，如针对儿童、老年人、孕妇等特殊人群的营养强化产品，以及满足健康、美容等特定需求的功能性乳制品。

• 平衡产品种类：优化液态乳与干乳制品的生产比例，适应市场消费结构的变化，增加黄油、干酪等干乳制品的生产和供应。

• 研发高附加值产品：突破乳清蛋白、乳铁蛋白、乳糖等关键配料的自主研发和生产，增加干酪等高附加值产品的生产供应，提升产品附加值和市场竞争力。

3. 供应链整合与优化

乳品行业将加强产业链整合，包括加强乳源基地建设、优化乳制品加工流通环节、完善乳品质量安全监管体系等。

• 利用数字化技术实时监控物流信息，实现从原材料采购到产品销售全程的供应链可视化，优化库存管理，减少损耗，确保产品新鲜度。

• 通过云制造平台和智能物流系统，实现跨企业协同生产和供应链优化，提高生产效率和资源利用率，降低物流成本。

• 加快建设低温乳产销冷链物流基础设施，提高冷链物流的覆盖率和配送效率，保证产品的新鲜度和品质。

· 加强上下游企业之间的合作与协同，建立长期稳定的合作关系，实现从牧场到餐桌的一体化运作，提高产业链的整体效率和竞争力。

4. 创新包装

· 环保材料应用：增加可降解、可回收材料的使用，如生物基塑料、纸质包装等，替代传统的不可降解塑料包装。

· 减量化与轻量化：优化包装设计，在保证产品质量和安全的前提下，减少包装材料的使用量和包装层数，降低包装废弃物的产生。同时，推动包装轻量化，如采用更薄的塑料瓶、更轻的易拉罐等，减少运输过程中的能源消耗。

· 无标签或电子标签：采用激光打码、电子标签等技术替代传统的纸质标签，减少纸张使用和油墨印刷，提高包装的可回收性。如东鹏特饮经典瓶装推出的环保版，采用了电子标签取代实物标签。

5. 完善法规与加强监管

政府将进一步完善乳品质量安全相关法律法规，加大对乳品行业的监管力度，确保乳品质量和安全。乳品企业将积极响应政府号召，提高自律性，提升食品安全管理水平。

6. 消费者参与透明度提升

随着消费者对产品透明度和可追溯性的要求提高，乳品企业将更加注重与消费者的互动和沟通，提升产品信息的透明度。通过建立产品追溯体系，实现产品来源可查、去向可追、责任可究，保障消费者的合法权益。

利用大数据和人工智能等技术，对消费者行为、偏好等进行深入分析和预测，实现精准的市场定位和个性化的产品推荐，提升消费者满意度和忠诚度，深化消费者洞察。

7. 绿色可持续发展

乳品行业将更加注重可持续发展，推动绿色生产和环保技术的应用，减少对环境的影响。

· 能源管理：企业可建立能源管理系统，实时监测和分析能耗数据，采用节能设备与技术，如太阳能光伏发电、高效电机等，提高能源利用效率，减少对传统能源的依赖，降低碳排放量。

· 绿色饲料技术：研发和推广低碳、环保的饲料，如优化饲料配方，提高奶牛对营养物质的消化吸收率，减少奶牛瘤胃中发酵产生的甲烷等温室气体的排放。

· 建立绿色发展战略：将绿色发展理念纳入企业的长期发展战略中，制定明确的节能减排目标和行动计划，并定期进行评估和考核，确保绿色发展目标的实现。

参考文献

[1]《乳业科学与技术》丛书编委会，乳业生物技术国家重点实验室编. 乳品安全［M］. 北京：化学工业出版社，2015.

[2]《乳业科学与技术》丛书编委会，乳业生物技术国家重点实验室编. 液态奶［M］. 北京：化学工业出版社，2015.

[3]《乳业科学与技术》丛书编委会，乳业生物技术国家重点实验室编. 乳粉［M］. 北京：化学工业出版社，2015.

[4]《乳业科学与技术》丛书编委会，乳业生物技术国家重点实验室编. 发酵乳［M］. 北京：化学工业出版社，2015.

[5] Gösta Bylund. Dairy Processing Handbook［M］. Sweden：Tetra Pak Processing Systems AB, 2003.

[6] 张克春，孙卫东. 优质牛奶安全生产技术：第二版［M］. 北京：化学工业出版社，2018.

[7] 蔡健. 乳品加工技术［M］. 北京：化学工业出版社，2020.

[8] 张和平. 乳品工艺学［M］. 北京：中国轻工业出版社，2018.

[9] 熊江林，王艳明，刘建新. 牛奶中黄曲霉毒素M_1的来源和控制途径［J］. 中国畜牧杂志，2012，48（23）：82-87.

[10] 张能飞，王凯，唐都，等. 牛场生乳的质量安全管理［J］. 江西畜牧兽医杂志，2023，1：26-28.

[11] 刘丽平，邓林，王靖文，等. 现代乳品企业加工过程中常见问题及控制措施［J］. 轻工科技，2023，39（1）：15-22.

[12] 赵升，孙爱民，周伟. 生乳运输中GPS系统的运用［J］. 中国乳业，2010，8：30-31.

[13] 褚少兴，刘艳，解书斌，等. 乳及乳制品中微生物的危害与控制［J］. 中国乳业，2023（11）：69-74.

[14] Fox P. F., Uniacke-lowe T., Mcsweeney P. L. H., et al. 奶与奶制品化学及生物化学［M］. 王加启，张养东，郑楠编译. 北京：中国农业科学技术出版社，2019.

[15] 揣玉多，岳鹂. 乳制品生产与检验技术［M］. 北京：化学工业出版社，2021.

[16] 王菲菲，韩永霞. 乳与乳制品检测技术［M］. 北京：化学工业出版社，2018.

[17] 任志龙. 乳品加工技术［M］. 北京：化学工业出版社，2023.

[18] 范俊. 快速检测技术助力生鲜乳及巴氏杀菌乳的质量控制［J］. 食品安全导刊，2020，31：30-31.

[19] 孙王良. 生鲜牛乳验收指标检测方法［J］. 养殖与饲料，2017，10：32-34.

[20] 刘文华，张逸雪，韩臣波，等. 应用大数据云平台提升生鲜乳运输安全及效率的研究［J］. 中国乳业，2022，8：51-55.